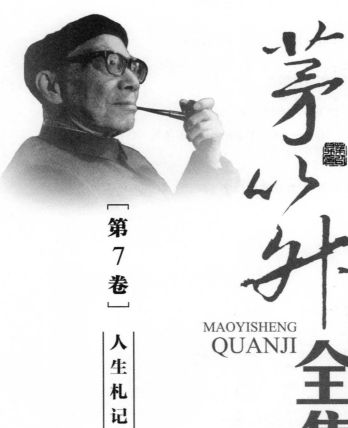

茅以升全集

MAOYISHENG
QUANJI

全集

【第7卷】

人生札记

◎ 北京茅以升科技教育基金会 主编

U0359315

天津出版传媒集团

天津教育出版社
TIANJIN EDUCATION PRESS

图书在版编目（ＣＩＰ）数据

人生札记 / 北京茅以升科技教育基金会主编. -- 天
津：天津教育出版社，2015.12
（茅以升全集；7）
ISBN 978-7-5309-7824-5

Ⅰ．①中… Ⅱ．①北… Ⅲ．①随笔—作品集—中国—
当代 Ⅳ．①I267.1

中国版本图书馆CIP数据核字（2015）第183894号

茅以升全集 第7卷　人生札记

出　版　人	胡振泰
主　　　编	北京茅以升科技教育基金会
选题策划	田　昕
责任编辑	田　昕
装帧设计	郭亚非

出版发行	**天津出版传媒集团** 天津教育出版社 天津市和平区西康路35号　邮政编码　300051 http://www.tjeph.com.cn
经　　　销	新华书店
印　　　刷	北京雅昌艺术印刷有限公司
版　　　次	2015年12月第1版
印　　　次	2015年12月第1次印刷
规　　　格	32开（880毫米×1230毫米）
字　　　数	250千字
印　　　张	12.5
印　　　数	2000

定　　　价	30.00元

目
CONTENTS
录

人间彩虹

茅以升全集 ⑦

PingZong JiLue

萍踪记略

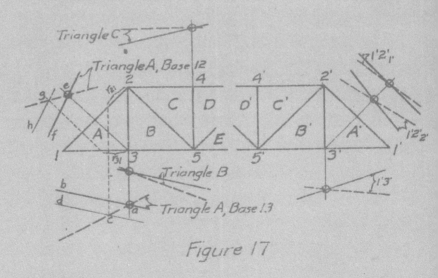

Figure 17

征程六十年(回忆录)

    1978 年 3 月 18 日,全国科学大会在北京人民大会堂隆重开幕,中央电视台通过人造地球卫星,向全世界广播了大会开幕盛况,接着介绍了到会的七位科学家,其中有我在内,在国际新闻中,我能如此附骥,深深感到惭愧。我的一生,虽然是搞科学技术的,但自问并无突出成就,足以当此荣誉。所能勉强自慰的无非是问世较早,阅事较多,特别是在解放后学习了马克思列宁主义、毛泽东思想,受了社会主义的鼓舞,在党的领导下,勤于工作,力争上游,曾经做出一些微薄的贡献而已。我自 1919 年从美国留学归国开始工作迄今,正好六十年,其中 1949 年解放以前和以后各三十年,经历了两个社会两重天,迈过了崎岖征程。在这六十年的征程中,究竟有哪些事比较值得留下一鳞半爪呢? 现在扼要地写成回忆,以期自省,并求读者指正。

钱塘江桥

我过去所做的工作中,最引人注目的就是参加了杭州钱塘江桥的建设。这当然是当时工程技术人员和工人群众集体力量的产物,特别是老友罗英同志的贡献,我只是身居领导地位的一个始终其事的负责人。由于建成不久,日寇逼近杭州,这座桥即为我方自动炸毁,直到抗战胜利后才进行修复,因而我任该桥工程处处长,前后达十六年之久。1975年我去杭州看桥,见火车过桥速度不减,俨如过一新桥,但已有四十年高龄,为之欣慰不已。

钱塘江桥的建成、炸毁及修复的经过情况,我曾写了一篇《钱塘回忆——新桥、炸桥、修桥》送由全国政协文史资料委员会发表,现不赘述,但将其中比较有意义的工作,整理出几项如下。

(1)对建桥来说,钱塘江潮水和流沙均为别处罕见的极难克服的自然障碍。潮水来时,不仅汹涌,而且潮头壁立,破坏力量惊人。流沙是极细极轻的沙粒,一遇水冲,即被涮走。江底石层上,悉为流沙覆盖,深达四十余米,覆盖顶的流沙即江底,无稳定形状,故杭州人有谚语"钱塘江无底"。上游的山水暴发时,江水猛涨,下游的海潮涌入时,波涛险恶,遇到上下水势同时迸发,如再遇台风,则浊浪排空,翻腾激荡,故钱塘江的设计与施工,非寻常方法所能奏效。我们用了气压沉箱法。"沉箱"是沉入水中、覆盖在江底上的一个箱子,分为上下两半,下部为中空的工作室,放入高压空气排水,让工人进去挖江底流沙;上部为围堰,四面隔水,以便中间筑桥墩。沉箱下的挖沙,箱上的筑墩,同时进行,等到沉箱沉到石层时,桥墩也将近完成了,这时沉箱下达石层,工作室内填满混凝土,便成为桥墩的底座。气压沉箱法有一特点而为其他建筑桥墩法所无的,即在施工时期内,工程师可亲自进入沉箱工作室,察看桥墩基础的状况,以便采取措施保障安全。

(2)当钱塘江桥进行设计时,日本帝国主义侵略凶焰,已从东北深入华北。这时在江浙一带兴办巨大工程,不得不考虑到战火的来临,造桥工程,愈快愈好。因而想出一个前所未有的施工方法:"上下并进,一气呵成。"平常造桥,都分"三部曲"进行:首先造桥墩的基础,然后在基础上造桥墩,最后在桥墩上架桥梁,基础——桥墩——桥梁,这个次序是从来不变的。因而桥墩等候基础,桥梁等候桥墩所费的时间,总是无法避免的。钱塘江桥则不然,沉箱下沉时,基础工程与桥墩工程并进,江中进行桥墩工程时,岸上进行钢梁装配工程。有两个相邻桥墩完工时,岸上整个装配好的钢梁,即用船承载浮运,利用潮水涨落,安装上桥墩。形成一个生产线,不分水中岸上，一项工程接一项，紧密衔接，一气呵成。当八一三上海抗战爆发时，江中还有一个桥墩、两架钢梁未完，但到 9 月 26 日，桥上铁路即能通车，可见这个"上下并进"的方法是多么有效。

（3）钱塘江桥是我国比较巨大的工程，而又为我国工程技术人员所亲自掌握的，因而也是一个训练培养桥工技术人才的极好的场地。桥工处开始组织时，我与罗英先生（我在美国读研究生时同班同学）合力进行，除延聘了几位国内知名桥梁工程师外，先后吸收了 29 位刚从大学工科毕业的青年，一面在室内学习绘图设计，一面在室外学习勘测及各种施工。每一个人都有深入第一线实地训练的机会，对于整个桥工的内容，都有头尾分明的概念，并了解每一动作在理论上的"所以然"之故。这样，就把这批人培养成为设计施工中的骨干分子。外加各种有关工程的技术人员，桥工处就组织成为一个强有力的设计施工战斗队。又为了为国家培养将来建桥队伍，拟定了一个计划，利用钱塘江桥的施工机会在 1935 及 1936 两年的学校暑假期中，分函国内有工科的各大学，请选派三年级肄业的大学生来杭州桥工处实习两个月，由处供应食宿，每年招收 80 个，受到国内各大学热烈响应，争相推荐。这批实习生每天除上课一两小时外，均分派在各个工地，轮流实习，期满发给证书。这个训练计划，当时幸能圆满执行。

解放后几座大桥工程负责人曾在钱塘江桥任职的有:武汉长江大桥总工程师汪菊潜,南京长江大桥总工程师梅旸春,郑州黄河大桥总工程师赵燧章,云南长虹大桥总工程师赵守恒等。至于当年曾在杭州工作受过训练,直到今天仍在各铁路、公路桥梁工程上服务做出贡献的,为数当不在少。

(4)钱塘江桥工程种类较多,内容复杂,最后所以能取得成功,是经历过不少次失败的。因而它的成功经验,是很宝贵的。为了记录下这些成功的经验,在工程进行时,做了两件事:一是分段写绘出各种工程的进行情况,一是将各种工程,按实际经过,摄入电影。写绘的记录主要有两种,一是正式工程报告,连同竣工图,现存上海铁路局,其工程报告副本,现存浙江省档案局。所谓竣工图系指工程的最后实际情况,有别于设计图或施工图。一是科学普及性质的报道,除了中外报刊所登新闻外,在施工期间,每两星期送登上海出版的《科学画报》一次,分八期刊完,后在1950年由中国科学图书仪器公司,将这八期汇编为一本,用《钱塘江桥》名义出版。关于钱塘江桥电影片,那不仅是一个纪录片,也是一个科技教育片。拍摄时,由工程师编辑并做导演,所有在场技术人员及工人都要按照工程师指挥,进行工作,因而拍摄的镜头,有连贯性,使观众能了解所拍工程的来龙去脉,对于桥工教育,有重要意义。电影片包括各种各类工程,无重大遗漏。

(5)钱塘江桥尚未完工时,日本帝国主义已经进攻上海。桥建成才三个月,杭州即遭沦陷,在沦陷这天,桥为我方自动炸毁,我负有炸桥任务。为了准备炸桥,在一个正桥桥墩内,预留了一个放炸药的空洞。造桥不易,炸桥也不简单,需要在很多钢梁爆炸点上安放充足炸药,用引线接到岸上雷管,炸桥时使雷管起爆,全桥即炸毁。因此炸药不能等到炸桥时才放进,而要在较早时候就按计划放到所有要爆炸的地点。就是说,在远离爆炸的时候,大桥里已经埋有了炸药!大桥上的铁路是 1937 年 9 月 26 日通火车的,大桥上的公路因防空袭,延至 1937 年 11 月 17 日才通汽车,开通公路这一天,过桥的人民群众在十万人以上,都是"两脚跨过钱塘江"的(这是杭州人多年的谚语,形容其不可能)。但是,从 11 月 17 日这一天起,所有过桥的火车、汽车、行人,都是在炸药上走过的,这在古今中外的桥梁史上是从未有过的!可以引为自慰的是并未因此发生任何事故,发生任何伤亡。

杭州于 1937 年 12 月 23 日为日寇侵占,大桥即于当日炸毁。在前一天,铁路车辆在桥上撤退的机车有三百多辆,客货车有两千多辆。其他各方面撤退的物资,更不计其数。那时大桥通车,虽只三个月,总算起了一定的作用。抗战胜利后,全桥修复,更成为永久性建筑。

（6）钱塘江桥工款来之不易,故设计力求经济,施工时的材料、人工、器具等都力防浪费。大桥的规模如下:总长1453米,内江上正桥16孔,每孔跨度67米,南北两岸上引桥共381米。桥分两层。下为铁路,上为公路,铁路火车轴重50吨。公路汽车载重15吨。公路两旁为人行道。桥的钢梁为合金钢,桥墩为钢筋混凝土。这座大桥的全部造价为当时"法币"540万元,合当时165万美元。桥上工人,最多时约900人,为期约两个月。工程技术人员及行政事务职员共约100人。在施工的两年半时间内（从1935年4月到1937年9月）,不问假期,不分日夜,全桥工程未有片刻停顿。每当我回忆当时工地的紧张情况,我总为全桥职工的爱国热情所深深感动。1941年,前中国工程师学会在贵州贵阳开年会时,因建桥有功,授我名誉奖章,我的答辞申明:"这个奖章应为罗英先生及全体职工所共有,我只是一个代表领奖人。"

教育工作

l919年12月,正当我在美国加利基①理工大学完成博士

---

① 今译卡内基—梅隆。

论文时,唐山母校罗建侯老师来信,说有一位美国教授聘满离职,邀我去顶他的缺。从此就开始了我的为期三十余年(期中有间断)的教育生涯。在这方面,我曾担任的岗位和职务是:唐山交通大学教授、副主任,当时年24岁,南京东南大学教授、工科主任,南京河海工科大学教授、校长,天津北洋工学院教授、院长,贵州平越交通大学唐山工学院教授、院长,解放后于1949年10月任北京北方交通大学校长。

在教育战线上,我曾倾注过不少心血,但收效不大,建树无多。唯有以下数事,尚可追忆。

1. 教学方法。

从1920年起,我开始在教育工作的第一线服务,先后开设的课程有:结构力学、桥梁设计、桥梁基础、土力学等。最初几年,我每周担任的课程都在20节以上,以解放后的标准来衡量,是颇为吃重的。当时,我把这20节课程尽量安排在四天之内,这样便可腾出一两天时间,专门从事学术、科普活动以及进行改进教学方法的研究。

在多年的教学工作中,我一方面努力讲求概念清楚,逻辑严密;另一方面,特别注意深入浅出,尽量按照学生的知识水平,运用饶有兴味的事例,来解释理论概念,力求讲清每一理论原则的实践意义,使学生能够透彻领悟,融会贯通,不但知其然,而且知其所以然。我还常常约请同学到家里来交谈,从无拘无束的谈话中,一方面建立了师生情谊;另一方面,了解学生的接受程度,尽心辅导,纠正他们的误解和错觉,并征求他们的意见,让他们帮助指出我讲课中的缺点,不断改进工作。

我的教学法中与众不同的一点,是通过考先生来考学生。每次上课的前十分钟,我先指定一名学生,让他就前次学习课程提出一个疑难问题;从他所提问题的深浅,就可得知他对课程是否作过深入的钻研和探讨以及他的领会程度究竟如何。如果问题提得好,甚至使我也不能当堂解答,则给以满分。如果实在提不出问题,则由另一名学生提问,让前一学生作答。此法推行后,不但学生学业大进,而且也使我接触到许多以前从来未想过的问题,受到启发,深得教学相长的意趣。

这种教学方法并无奥妙,就是实行启发式教学,摒弃灌注式或称填鸭式教学。教学方法不同,成效确实两样。犹忆我所到之校,所授之课,不但受到本系本级学生的欢迎,而且本系上一年级的学生也有来听的,往往把教室挤得满满的。我在东南大学任工科主任时,校内采用学分制,学生可自由选课,选我课的有时在 100 人以上。著名教育学家陶行知先生,当时任东南大学教育科主任,也曾亲自带领教育科学生来听我的"学校建筑"课。

2. 教育革命。

在多年的教育实践中,我对当时抄袭西方的学制本身即已产生怀疑,洞悉这种教育制度的弊病以及它给学生带来的影响,从而开始了对教学改革的探索和酝酿。1926 年 9 月,在上海交通大学(当时名南洋大学)成立三十周年纪念之际,我曾应邀为纪念刊写过一篇《工程教育之研究》的论文,指出:"我国工校课程,大都抄袭欧美,在吾人习知欧美学制者,大多视为当然,不觉其利弊之所在。究其内容,是否为最良之制度,能否适合我国之现状,皆应予以充分之考虑。"又说:"现时之工校课程,将各种纯粹科学(按指基础科学)置于专门学科之前,而假定理论必先于实践。""即每种课目之内容,亦必先谈理论而继以实践。此种程序,实有背于教学之原则,盖人类求知之欲发源于实践之需。今先授以精深之理论,而不使知其应用之所在,则不但减少学习之兴趣,且研习理论,亦不易得明彻之了解。"根据上述情况,我提议实行教学改革,"先授工程科目,次及理论科学,将现行程序完全倒置。"并且从学制、招生、课程、考核、教授、实习、服务等各方面,提出了我的改革方案。这篇文章,后转载于 1926 年 12 月的《工程》杂志第 2 卷第 2 号,引起了工程教育界人士的重视。但是,教育改革事属创举,我的方案又主张大破大立,在那守旧势力十分顽强的旧社会,虽然同情者大有人在,终究无法得到初步尝试。

自美返国，将近三十年以后，在中国共产党的领导下，全国欣逢解放，人民翻身。当时我在上海，庆幸之余，在1949年6月20日写了一篇《教育的解放》的专论投寄上海《大公报》，文中指出："我国的教育，虽经五十年改良，仍是为教育而教育，既保留了封建的灵魂，又承袭了欧美的躯壳，因此，完全与我国社会脱节，只能造成特殊阶层。现在，我们既已在政治上得到了翻身和解放，便应对教育工作进行彻底的检讨和大胆的改革，来谋人民教育的新生。"但是，当时的《大公报》认为我"立论偏颇"，未予发表。1949年9月，我北上参加人民政协，随着各方面的改革轰轰烈烈地展开，这种崭新的革命形势，又重新唤起了我对教育革命的憧憬与期望。1950年4月29日，我专门为《光明日报》撰写了一篇专论《习而学的工程教育》，进一步分析了旧教育制度的特点：①理论与实际脱节；②通才与专才脱节；③科学与生产脱节；④片面追求理论教育的"质"严重忽视培养人才的"量"。其所以如此，是因为过去强调"知而后行""学以致用"，形成为传统的"学而时习之"的教育。文章大声疾呼：这一套继承封建主义、抄袭资本主义的教育与教学方法，"在我们新的人民民主国家里，应当彻底改革了"！同年6月4日，我又在《光明日报》发表《工程教育方针与方法》的文章，主张对"学而时习之"的旧教育制度来一个颠倒和革命,大胆推行"致知在格物"的"习而学"的工程教育,按照人的认识规律,由感性知识入手,进而传授理性知识,先让学生"知其然",而后逐渐达到"知其所以然",从而,把理论与实际、科学与生产、读书与劳动、学校与现场紧密结合起来,摒弃资本主义国家"通才教育"的老路,建立崭新的社会主义学制,为国家的现代化建设,培养造就量大质高的熟练专家!

在教育工作的另一条战线——业余教育领域内,由于把普通专业学校的教学计划、授课程序乃至教科书都成套地照搬过来,完全忽视了职工学员和脱产学生的区别,使教学效果受到严重影响,在职学员往往把业余教育当作"远水救不了近火",学习很难坚持到底。针对这种情况,我又于1957年2月12日,在《光明日报》发表《业余教育要能利用业余的优越性》的专论,提倡在业余教育中,充分利用职工学员的生产知识和技术经验,从他们的现有基础出发,进行科学理论教育,使职工学员喜见乐闻,易于接受。文章指出,这种方法"是普通学校里传统教育方法的大翻身,是先理论后实践、'学而时习之'传统观念的大翻身",应在业余教育中首先采用。

如何对大学生将科学与生产结合起来,如何在业余教育的理论学习中,利用学员的生产知识和技术经验,这里有一

茅以升全集 ⑦

共同问题,即如何教授科学的基本理论。现在所谓自然科学即关于自然界物质的知识,包括物质的性质、现象及其变化的规律。为了系统化,将自然界各个物质现象的理论,分门别类,划成各个学科,如物理、化学、生物等等,即构成所谓"专门科学"。要学习科学,就要按各个学科的系统,分门别类来学。但是任何生产中的技术,其理论都是若干学科理论的综合,每一成品的生产过程中,都要遇到若干物质的综合现象及综合变化,因而产生综合规律。于是每一种专业的成品,在其生产过程中就遇到另一系统的自然规律,不同于分门别类的学科规律。这种系统知识我名之为"专业科学"。"专业科学"的理论,当然与专业生产是结合的,用这种理论,来进行大学教育与业余教育,就可解决上述的各种"脱离"问题。(见《光明日报》1961 年 3 月 6 日、7 日发表的《试论专门科学与专业科学》)

1962 年 5 月,我又将我的教育思想加以系统整理,写成了《建议一个为社会主义服务的教育制度》的手稿,主张形成一个人人生产、天天学习、处处研究、学用一致的社会。次年 7 月全国人大常委会的一个小组会上,我就此问题做了专题发言,和其他小组的记录,一同汇报国务院,请周总理审阅。周总理对我的这一建议评价很高,在人大常委会上说"这个制度,有共产主义思想",指示把它铅印出来,多印几份,发交各有关部门研究。根据周总理的指示，人大常委会当即把文稿铅印出来，分发了300份。但是，据事后了解，有关部门对我的意见仍然怀疑，唯恐打乱他们的既有秩序，此事遂无下文。

科技活动

除去在美国留学时期做研究生，为了硕士、博士学位，不得不为科研而搞科研外，在我过去的工作中，我曾断断续续地做过不少科研，来完成我承担的各种性质的任务。由于任务的不同，我的科研不可能专精于一门或一科，因而也未能写出一本专著，对某种科学做出特殊的贡献，只是在国内国外的日报和期刊上，发表过不少科学论著而已。

如前所述，我独创一个"学生考老师"的教授法，我需要回答学生提出的任何问题，而这些问题愈来愈会带有根本性，未为教科书所注意，或所能解答。对我来说，这些问题就是我的科研项目，引起我的很大兴趣。例如拿力学来说，"力是什么？""应力应变，孰先孰后？""作用力与反作用力，为何相等？"都涉及力学中的根本概念，成为一个重要的科研项目。

为了钱塘江桥的设计与施工而同工程师们分工担任的科研项目，如"流沙与冲刷的关系""如何将木桩头，深深埋入江底""倾斜岩层上的沉箱,如何稳定""合金、铬铜钢杆件的性质"等等。我对这些的研究,都是在进行中参加意见,或在争执不下时做最后判断,而非独立负责完成的,其详具见《工程报告》及《钱塘江桥一年来施工之经过》。(《工程》杂志,1936 年 12 月)

但有一事值得一提,即经过对钱塘江流沙的研究,引起我对土力学的兴趣,而从事研究及有关活动。先是在《工程》杂志上,专文介绍,后是在唐山工学院开课讲授。1948 年在上海发起中国土力学及基础工程学会,1953 年后在北京土木工程学会,组织土力学小组,从事学术活动。1957 年往英国参加国际土力学及基础工程会议。

解放后,我担任了铁道科学研究工作,前后历时三十年之久。对于研究规划、研究计划、研究管理、研究应用等等行政工作,都费过不少时间。铁道科学本来是一门内容极其复杂而理论又比较高深的综合性的技术科学,而铁道研究院又是铁道部门的研究中心,因而研究院这个机构,规模大而责任重,成为我的重要的研究基地。

1955 年 2 月,中央铁道部成立武汉长江大桥技术顾问委员会,委员 26 人(茅以升、罗英、周凤九、嵇铨、蔡方荫、余炽昌、黄文熙、陶述曾、王度、鲍鼎、李学海、汪季琦、李温平、刘恢先、金涛、张维、陈士骅、梁思成、李国豪、俞调梅、王竹亭、顾宜孙、钱令希、赵祖康、杨宽麟、谷德振、华南圭），我为主任委员。1953年，我国请苏联交通部代拟武汉长江大桥的初步设计，经过苏联鉴定委员会做出的鉴定结论正式发表，所鉴定的铁路与公路的安排（上下两层），正桥桥墩基础（气压沉箱）与上部结构（钢梁）等重要设计部分，均与钱塘江桥相似，后来经大桥工程局（局长彭敏，总工程师汪菊潜）修改，将气压沉箱改为管柱基础。工程局在大桥施工时期向大桥技术顾问委员会先后提出了14个重要技术问题，经委员会讨论答复，都得到良好效果，保证了工程的质量。

为了庆祝建国十周年国庆，1958年冬开始在北京兴建人民大会堂，规模异常宏伟。由于建筑的美术和结构设计，均特别重要，北京市人民委员会于1959年2月邀请国内建筑专家37人，结构专家18人①，来京审查鉴定，我为结构组组长。这时大会堂结构工程，已在紧张进行，但经调查试验，发现原来结构设计，尚有欠妥之处，特别在有关宴会厅及会堂吊台等各处。经结构组全体同志悉心研究，对所有构件及其布置，一一做了复查，建议修改及补充，拟成报告书，上陈北京市人委及周总理。周总理亲自审阅，一再询问大会堂的安全

———————

① 茅老在多篇文章中均提及此事，但专家人数都不相同，也许是专家不在同一时间进组。

程度,最后指示:"要茅以升组长签名保证。"我奉命之下,对报告书再做一次核算,最后签名送上,然而由于责任太大,总还不能放心,直至大会堂经过十周年国庆活动之后,安然无恙,方觉如释重负。

1962年12月,山西省政协、科协、民盟、九三、太原工学院联合邀请我去太原讲学,我主要讲了力学中的一些基本概念问题,这是我历年来想写的一本《新力学》中的主要内容,并且在1961年4月6日在中国力学会的两个讨论会上提过,又前后在六个高等学校及日本东京大学工学部宣讲过。

我以桥梁工程为专业,当然对桥梁有特殊感情。其初致力于建桥的科学技术,后来看到的桥多了,就了解到桥梁不仅仅是运输工具,而且对一国的文化和人民的生活,也都有密切关系,表现在桥的艺术性及历史性。从当代世界上著名桥梁来看,固然如此,而从我国数千年来的古桥来看,更可证明。在抗日战争时期,我看到公路上的一些古老旧桥,竟能胜任重载汽车的安全通过,就引起我对历代古桥进行科学研究的念头。同时,与我对钱塘江桥共同负责的罗英老友,也在开始编写《中国石桥》及《中国桥梁史料》两书。他的书陆续出版了,而我因工作繁忙,只是在报刊上很零碎地发表过一些关于古桥的介绍,作为罗老两书的补充。罗老认为他的书只是创始,希望能有一部很完全的中国桥梁史出现。因此，1963 年我在全国人民代表大会上提案，请政府编写《中国桥梁史》，但直到 1978 年，中国科学院自然科学史研究所才组成《中国古桥技术史》编写委员会，正式进行工作，由我作为主编，让我有机会贡献力量，完成我的宿愿，感到十分欣幸。

我素来热爱参加学术团体的活动。1916 年到美国康奈尔大学时，就参加了我国最早的一个自然科学团体——1914年成立的中国科学社（任鸿隽、章元善、秉志、杨铨、竺可桢、赵元任、周仁、胡明复等发起组织），每月出版《科学》杂志，也是我国最早的科学期刊。直到解放后才停刊。1917 年我参加了中国工程学会（陈体诚、罗英等发起组织）。每月出版《工程》杂志，也是在解放后停刊的。我做过三次工程学会年会的筹备主任。1948 年，因是工程学会的会长，还到过台湾，主持该年的年会。在《科学》与《工程》月刊上，我都发表过文章。解放后，1950 年我参加了中华全国自然科学专门学会联合会及中华全国科学技术普及协会的全国委员会。1953 年中国土木工程学会成立，我被选任为理事长。1958 年"科联"与"科普"合并组成中华人民共和国科学技术协会，我被选任为副主席，1980 年续任。1963 年被选任为北京市科学技术协会主席，1980 年续任。

解放前未听有"科普"这个名词，但类似这个性质的宣传活动,当时也偶尔见于报刊,如上海科学公司出版的《科学画报》曾连载过我写的钱塘江桥工程,即属科普性质。解放后,1950年成立中华全国科学技术普及协会时,我被选为副主席。1954年,这个协会组织25人的科普代表团访问苏联达一月之久,我任团长。解放后我在中外日报及期刊上发表过的近二百篇文稿中,属于科普性质的约占十分之三。对于青少年的科技读物,我也特别重视,时常参加写作。北京市的西城、东城、宣武、崇文及海淀五个区的教育局都曾约我对各区的青少年做过科技报告,和我见过面的中小学生超过两万人。

原载1981年《中国科技史料》第1期

萍踪记略

学生时代

我出生于寒士家庭,住南京,自幼衣食不继,生活艰苦。7 岁入小学,10 岁入中学,15 岁入大学,20 岁赴美留学,24 岁返国,开始为人民服务的"征程"。

幼小时,家中有人戏说,我不是茅家人,是从外面捡来的,我就深以为耻,忽然想到,不在茅家,出外谋食也能活,为家人觉察,说那是戏言,我才心安,然自此树立起"人贵自立"的思想。

有一年秦淮河上闹龙舟,桥上观众拥挤,桥栏压断,多人落水,我因病未去,得免于难。因想到原来好事可变坏事,如何有好坏,其中必有道理,一桥如此,他桥亦然,甚至房屋也可倒塌,这个道理是什么,引起我的好奇心。

在中学时，需住宿，我时常不能按期缴纳食宿费，为同学讥讽，心想你们的钱是胎里带来的，为自己抱不平。再加读些"新书"，因而痛感我生不逢辰。1908年，慈禧与光绪逝世，校内每天要学生"举哀"，我更忿恨，将我的小辫子剪掉，校内轰动，我被记大过一次，于是我有了"造反"思想的萌芽，还不知革命二字。

这时每年暑假回家两个月，我祖父（另住）每天来我家，教我古文。他的教授法很特别，将一篇古文，自己先抄录一遍，叫我在旁边听他讲，要求我在明天上课以前背熟。他不料我在他把文章抄完时，我已能把全篇（较短的）背诵出来了。他很赞赏我聪明，我就此就锻炼了自己的记忆力。

在中学读了五年，知识日有进益，但还觉不满足。1911年暑假，听说北京清华学校招考留美预备生，就向母亲申请，想北上赴京投考，她慨然给我旅费。不料到京后方知清华业已考过出榜，就改考唐山路矿学堂，居然被录取为预科生。到后方知这学校只有土木工程科，不容选择，这决定了我的终生职业。后来我常想，假如那时我可依志愿考学校，大概我会选理科或文科，而不会选工程科。由于在土木工程各专业中，桥梁一门需要数学和物理的知识比较多，再加往年秦淮河上事故的印象，我就决定选桥梁为我的专业。

1911年辛亥革命成功，明年南京政府成立，孙中山就任大总统,许多爱国青年往南京投效,其中有我唐山同班同学杨杏佛,我也心动,想去南京"革命",向母亲请示,不准,她说"要先有学问再革命",我不信,不死心,母亲再度告诫,并说:"如离开学校,则不以你为子。"我得信大为震动,眠食不安,决心发愤用功,一定学到毕业。这一事故成为我一生的一个重要转折点。

由于死心塌地要读好书,这时我研究出两项求学的方法:(1)所学功课如数学、物理、化学等,在南京时已学过一遍,当时懂得不透彻,现在在预科,等于重读,因而省悟出一条道理,原来各门功课,表面上好像各自孤立,实际上是彼此联系的,可以相互启发,有一把共同的钥匙,需要掌握,便是其中的逻辑性。(2)唐山考试频繁,平时小考,从不预告,可能一个上午,四门功课都要考,因而我订出一个学习计划表,每天晚上把当天的功课温习好,于是每天有准备,从来不怕考。这里有一情况,唐山有很多功课,不用教科书,而是堂上先生讲,学生做笔记,一门功课听下来,做笔记时,要参考不少书,因而所学的东西,都是最新的,不受教科书的限制,我的知识,也更为广博。我因笔记做得全(五年中做过200本笔记),学习时间有计划表的控制,考试常得满分。我在唐山五年,经过无数次的考试,每次大考发榜,都是全班第一名。

1913年,孙中山放弃大总统职位后,研究并写成《建国方略》一书,其中提到要建 10 万英里铁路,100 万英里公路,因而非常重视工程人才。在这年春,特来唐山路矿学堂视察、演讲,并同我们学生合照了一张相,我感到特别荣幸,更加强了我学桥梁的信心。

1915 年,袁世凯筹备称帝,各报纸都对他歌功颂德,引起我极大反感,于是决定不看报,什么报也不看(幸而那时无广播),终日埋头读书,不问世事,直到明年夏,袁世凯病死,我才恢复看报。

1916 年夏,我在唐山毕业。刚好这时北京的清华学校招考十名大学毕业生,派往美国大学做研究生,由各大学保送毕业生应考。我由唐山保送录取,派往美国康奈尔大学土木工程系。这年 9 月启程,到康奈尔大学后往注册处报到,该处主任云:唐山这个学校从未听到过,来研究院报名之前,须经考试,合格方能注册。考试后我的成绩特佳,让我注册为桥梁专业研究生。我的导师贾克贝教授,在美国桥梁界素负盛名,听他的课,深有启发,他对我也很器重,并对我国有感情(1923 年我任东南大学工科主任时,他因退休,将所藏美国土木工程师学会全套学报,连同书橱,赠送东南大学图书馆,现存南京工学院)。1917 年夏,我得到硕士学位,贾教授对我说,"你搞桥梁,光靠理论不行,一定要有实际经验。"因而介绍我往匹支堡①一个桥梁公司去实习。后来听说，我得到康奈尔学位后，凡唐山毕业生来康奈尔做研究生的，就不要再经过考试了。

我到匹支堡桥梁公司后，经过制图室、构件工厂、装配工地及设计室，每日八小时，经过一年半时间，粗有所获。一到匹支堡后，听说该地有加利基理工大学，其土木工程系有夜校，我去申请读博士学位，必修课程，于夜间上课，居然获准。该校规定，有硕士学位读博士学位者除博士论文必须通过外，尚需读完一个主科两个副科的学分。我的主科当然是桥梁，副科则要一个自然科学的，我选高等数学，一个社会科学的，我选科学管理，此外还要通过两门外文考试（除英语），我除中文外，再要法文。我在桥梁公司实习一年半中，每天（除星期天）去上夜课，获得白天上课一年的学分。然后在1919的全年中，白天夜晚做论文，在这年年底通过博士答辩会，满足了博士学位的要求。我是加利基理工大学的第一个工学博士。1979年，该校给我一个荣誉校友的奖章。

1917年夏，我到匹支堡时，当地有中国留学生三四十人，有在匹支堡大学或加利基理工大学读书的，也有在铁路或电力公司实习的，这年秋组成匹支堡中国留学生会，我为副会

---

① 今译匹兹堡。

长(谢仁夫人为会长)。第一次世界大战后,1919 年春,在法国巴黎召开和平会议,会上英美日各国,欺凌中国,我们学生会在当地报纸上,由我执笔,一再提出抗议,并于 4 月 30 日晚,在加利基音乐厅举行"中国夜"宣传大会,当地群众一千五六百人到会,我为主席,请蒋廷黻教授发表抗议演说,并有美国朋友在会上发言声援,会上散发我写的宣传小册子,会后演节目,大会完满成功。四天以后,国内发生五四运动。

出国之行

我于 1919 年 12 月 14 日离美,往加拿大的温哥华停留两日,乘轮船回国。在此后的六十年中出国多次,略记其萍踪如下。

越南 1937 年,抗日军兴,唐山沦陷,交通大学唐山工学院暂迁湖南湘潭,因形势不稳,我于 1938 年 8 月往广西南宁,接洽再度迁校时,交通部派人往越南,磋商抗战物资进口事宜,约我同往,做铁路器材方面顾问,我因此往河内数天,见到法国人在越南的殖民政策。

缅甸 1941 年 8 月,交通部因筹备滇缅铁路,自昆明到缅甸边界,派一技术团往缅甸仰光,与英国人商谈接轨问题以及物资进口事宜,我亦被约参加,在仰光住了一星期。因天热,每天只工作半天,我得便游览了著名的大小金塔,并同一些缅甸工程界人士谈了话。我们回国后不到四个月,太平洋战起,越南与缅甸,均为日本占领。

捷克 1951年4月,世界科协在法国巴黎召开第二届大会,我国科联派代表团参加,梁希部长为团长,我为副团长。3月30日自京乘飞机出发,经莫斯科到捷克首都布拉格。法国不给签证,还有其他代表团也因此停留在布拉格。最后将大会分在巴黎与布拉格两地同时举行,用电话联络,总算完成任务。我从莫斯科回国时乘火车,经过西伯利亚,于6月3日到京。

朝鲜 1953年9月朝鲜抗美停战,我国组织慰问团,前往朝鲜慰问我国志愿军。团员4500人,分八个总分团及文工团等。我是第一总分团团委。于10月13日乘火车出发,10月24日至27日在平壤举行慰问志愿军大会,接着进行各种慰问活动,8月15日到开城,21日到板门店,24日上车回北京。

苏联 1954年冬,中华全国科学技术普及协会应苏联的全苏政治与科学知识普及协会的邀请,组成访苏代表团前往参观访问,共25人,我为团长,于10月24日乘火车出发,经西伯利亚,于11月2日到莫斯科,奥巴林院士来接。11月7日在红场参加十月革命节大会。访问过列宁格勒、基辅等六个城市的科普组织。参观过列宁墓、克里姆林宫、苏联科学院、集体农庄、工艺博物馆、莫斯科大学等。于 12 月 8 日启程返国,乘国际列车,经过西伯利亚、满洲里、沈阳,于 12 月 17 日到北京。

1960 年 9 月,苏联为了庆祝我国十一周年国庆,邀请我国派代表团参加,共去 12 人,我为副团长,于 9 月 28 日乘飞机往莫斯科,10 月 2 日起往访明斯克及里加,9 日回莫斯科,11 日到伊尔库斯克,游贝加尔湖,14 日飞返北京。

日本 1955 年冬,中国科学院应日本学术会议会长茅诚司的邀请,组织科学代表团去日本进行友好访问,郭沫若院长为团长,团员十人,我荣幸参加。11 月 27 日自北京启程往广州,12 月 1 日自香港飞抵东京。参观了东京大学、日本国会、学术会议、科学博物馆、孔庙等。随即访问箱根、京都、大阪、奈良、冈山、广岛、福冈、下关等地,所到之处都见到日本人民对我们的热烈欢迎,特别是对郭老的崇敬,表现出中日两国悠久的历史友谊,为后来签订中日和平友好条约,铺平了道路。代表团于 12 月 25 日自下关乘船归国,先到上海,后往杭州,向毛主席汇报此行收获,于 12 月 31 日飞回北京。

1973 年夏,中国土木工程学会应日本土木技术交流协会的邀请,组织代表团,往日本参观访问,共九人,我为团长,于 5 月 23 日出发,经香港往东京,于 7 月 3 日回北京。

1976 年 9 月 1 日至 15 日我往日本东京,出席第十届国际桥梁及结构工程协会的年会。

意大利 1956 年春,我国组织文化代表团往欧洲几个未建交的国家,进行友好访问及文化交流,共 11 人,侯德榜为团长,冀朝鼎和我为副团长,于 4 月 7 日自京出发,经过莫斯科、布拉格、苏黎士①、日内瓦,于 4 月 14 日到罗马。参观了罗马大学、梵蒂冈博物馆、意大利议会、罗马废墟古迹等。访问了米兰、威尼斯、巴都亚、波罗利亚②、佛罗兰斯③、那波立④等 14 个地方,于 5 月 17 日离境往瑞士。

瑞士 文化代表团自意大利回来,先到伯尔尼,参观了伯尔尼大学等,即往苏黎士、鲁圣⑤、劳森⑥、巴塞耳⑦等地访问,于 6 月 11 日往法国巴黎。

法国 文化代表团到巴黎后,参观了教育中心、国民议会、凯旋门、拿破仑墓、爱斐塔⑧、圣母院、凡尔赛宫、卢佛⑨画

---

① 今译苏黎世。
② 今译博洛尼亚。
③ 今译佛罗伦萨。
④ 今译拿波里。
⑤ 今译卢塞恩。
⑥ 今译洛桑。
⑦ 今译巴塞尔。
⑧ 今译埃菲尔铁塔。
⑨ 今译卢浮宫。

廊、国立图书馆、歌剧院等。往里昂、马赛、格林罗贝、康恩斯等地访问,于 7 月 13 日回瑞士返国。

葡萄牙 国际桥梁协会第五届大会,6 月 25 日[①]在立斯本[②]举行,我系会员,届期从巴黎前往参加。大会后半部在波多市举行。路经云勃拉市[③],有一古老大学,世界闻名。7 月 3 日回巴黎。

英国 国际土力学及基础工程协会第四届大会于 1957 年 8 月 12 日在英国伦敦举行,我系会员,于 8 月 3 日自北京启行前往参加,经莫斯科、布拉格、巴黎,于 8 月 4 日到伦敦。在大会前,于 7 日至 8 日往坎德耳[④]城参加中国留英学生夏令营。在伦敦参观了英国议会、威明斯特[⑤]大教堂、白金汉皇宫、英国博物馆、剑桥大学、温泽皇城等地,又乘便访问了莎士比亚诞生处。9 月 3 日往日内瓦我子茅于越家休息治病,于 9 月 26 日回到北京。

瑞典 国际桥梁及结构工程协会第六届大会于 1960 年 6 月 27 日在瑞典首都司托尔姆[⑥]举行,我去参加,于 6 月 22

---

① 指 1956 年 6 月 25 日。
② 今译里斯本。
③ 今译科英布拉。
④ 今译坎德尔。
⑤ 今译威斯敏斯特。
⑥ 今译斯德哥尔摩。

日从北京启行,经莫斯科、芬兰,于 24 日到。大会后乘火车北行,过北极圈,往不冻港那维克参观。7 月 11 日起程回京,13 日到。

美国 中国科协于 1979 年组织赴美友好访问团,我为团长,于 6 月 13 日自京出发,经瑞士苏黎士,于 18 日到纽约,在美国工程师联合会协助下,访问了华盛顿、纽约、匹支堡、芝加哥、旧金山、落杉矶①六个都市,得到美国各地华人协会及唐山与上海交大、浙大、中大等各校友会热情接待,7 月 4 日自落杉矶飞日本东京,于 17 日回北京。

---

① 今译洛杉矶。

留美回忆

　　1916年9月初,我以清华官费,赴美留学,同行者为本年录取的大学毕业专科生(Graduate Fellowship)十人,大学女生十人及清华本校毕业生一百数十人。与我同时录取的专科生有黄寿恒(唐山)、薛次莘、李铿、许坤、裘维裕、王成志(南洋)、燕树棠(北洋)等,清华生中洪深、蔡正(竞平)、凌其峻等。临行前,清华校长梅贻琦,在上海青年会西餐部请我们专科生十人吃饭,一面送行,一面教导用西餐的礼节。赴美行程,从上海乘船,横渡太平洋,在旧金山登岸。我们乘的船是华侨创办的中华邮船公司的"中华号"(中邮公司是乘第一次世界大战中航运兴隆而崛起的,但战后即逐渐萎缩停业)。我们清华队伍一百六十余人全乘头等舱,由清华物理学教授李清泉(?)带队。舟行21天到旧金山(San Francisco)登岸,中途经檀香山(Honolulu)时,船停四小时,大家登岸一游,因此地盛产波罗蜜,将蜜汁当水饮,大家都鲸饮一番。此地又多枣子,将枣子用线穿成项圈,围在项上,以示吉祥,也是本地风俗,于是我们人人项上挂了枣圈。旧金山登岸后,全体住入一高级旅馆,游览一两天,然后各人各寻路线,分头赴校。我去康奈尔大学(Cornell University),先乘火车往支加哥①(Chicago),住宿一晚,再东行。在支时乘游览车,参观市容,在一大桥旁有用电灯缀成"IWW"三字的标语,向导的人说:"这是'工业世界劳工(Industrial World's Workers)'的宣传广告,他们是共产党,主张公有制,因而一定有官僚政治(Bureaucracy),你们会赞成吗?"那时我不懂,后来才知道,美国人一般都主张自由竞争,不愿按支配生活。由支加哥乘车东行,入纽约省,在绮色佳(Ithaca)站下车,有康奈尔大学中国同学三人来接,内有丁昆,将我接到他的住所,他已在那里为我租下一间房,每星期租金为美金三元五角。这房子地名是"319 Dryden Avenue"②。

康奈尔大学风景幽美,傍卡雨佳③湖,山明水秀,为读书胜地。自我寓所至校园(Campus),曲径通幽,沿途花木,朝夕往来,颇娱耳目。校园内千百成群,各执书包,问答从容,别

---

① 今译芝加哥。
② 德来登林荫大道 319 号。
③ 今译卡尤加。

有天地。女生约占十分之一,外国学生甚多,堪称一世界性的学府。

我入土木工程学院桥梁系为研究生,主任教授贾柯贝(H. S. Jacoby)为美国有名学者,著书甚富,同时在贾教授指导下研究桥梁者,我国尚有郑华及罗英二人,后来我三人在国内成为桥梁事业先行者,我与罗更成为终身知友。助教中有欧罗克(C. E. O' Rouke),后在天津北洋大学教书,他任满离校,我去北洋接他的手。

贾柯贝教授对我特别器重,对我写的硕士论文,评价甚高,后来又将我在加利基理工大学所写的博士论文,推荐给康奈尔大学,奖给菲梯士①金质奖章(Fuertes Gold Medal),该奖章每年一枚,颁给全校中膺选的一名研究生。1923 年我在南京东南大学任工科主任,适贾教授在康奈尔大学退休,即将他珍藏的美国土木工程师学会全部学术会刊 *Transactions of the American Society of Civil Engineers*,连同精美书橱,赠给东南大学工科。

美国各大学都有"兄弟会"(Fraternity),康奈尔的中国学生,就有"素友社"(Rho Psi Society)的组织,入社者须由全体社员通过,由社邀请,不能自行申请。我经秉志推荐,由社通

---

① 今译斐蒂士。

过入社。其时社员约三四十人，有一自购房屋的社所，一般活动为联谊会，星期午餐会，星六晚①跳舞会及春秋郊游会等。我因忙于课业，只星期天去吃中国饭（自备饭费，并参加洗盘碗等劳动），其他活动均未参加。隔年离开康奈尔后，与该社即无往来。

除素友社友外，我那时比较熟识的朋友为丁昆、陆凤书、叶承豫等。丁是学机械的，家在上海，陆是学土木的，家在无锡，后来大家回国，继续往来不断。叶是学昆虫的，为人和蔼，温文儒雅，可惜不久病死在此地。

我等留美生活费，每月美金 60 元，由驻华盛顿的清华留美学生监督黄佐庭（T. T. Wong）按月汇来。每学期大学学费美金 300 元，由监督另汇。我的生活费，支配如下：（以下元数皆美金）房租 16 元，伙食 30 元（早餐牛乳、麦片等 6 元，午晚餐各 12 元，其时牛肉每盘 0.30 元，咖啡每杯 0.05 元，面包黄油 0.05 元），书籍 5 元，衣物零用 9 元。我留美时，尚未抽烟。

美国人信耶稣教者很多，每饭必祷告，我初见颇以为奇。但我留美时，从未被人拉入。

我在唐山时的数学教授伊顿（Fred Eaton），家在康奈尔

---

① 原稿如此，即"星期六晚"。

大学附近,他老母健在,颇喜中国学生,因有在她家租房的。我也常去她家,因而会见伊顿之弟(Paul Eaton)。后来1943年抗战时我在重庆,伊顿之弟曾来我国,到过重庆、贵阳、平越等地,并曾与我弟以新相会。

康奈尔大学所在地,绮色佳(Ithaca)为一大学城(College town),几乎全市居民都为大学服务,约有两万人,有百货商店、电影院、剧院等。我第一次看电影故事片,就在这影院。又一次牙痛,也进城找到一个牙科诊所,拔去一牙,这是我拔去的第一个牙。从我住所到市区,约有三四公里;且系山路,往返吃力,因而我很少去。那时该地只有电车而无公共汽车。

在绮色佳,看过一次电影,当然是无声的,有一句幕词,我至今不忘:"No one but God and I, knows what in my heart."①每次暗诵,百感交集。

我的硕士论文写完时,请了一位美国同学代为打字复印,送他一些酬劳。这位同学是犹太人,靠半工半读学习,起早睡晚,从劳动所得付学费。有的人借债读书,毕业后从工资中拨还。有的人为洗衣房送取衣服,或在餐馆当服务员,送菜洗碗。这些人多半是勤奋读书的,成绩高于一般同学。

---

① 除了上帝和我,无人知我内心。

贾教授及伊顿夫人都在他们家中请我吃过饭,我看到他们家庭和睦生活,都很值赞佩。

与我同住一屋的美国学生,有一天他的父母从外地乘汽车来看他,见他们亲爱情况,引起我思家念头,原来他们美国家庭,也是很讲究慈孝和睦的。

1916 年 11 月 4 日,美国选举总统,那次民主党候选人是威尔生(Wilson),共和党候选人是胥士(Hughes),每人都在衣襟上挂所拥护者的像章,泾渭分明。学生中每派更时起辩论,此起彼落。

1917 年 6 月,我的功课及格,语文通过,获得硕士(M. C. E.)学位,在举行毕业典礼这天,毕业生都穿礼服入会场,我特别买了一套硕士礼服(别人都去租礼服,因为只有一次),留作纪念,并在那天照了一张身穿礼服的照片。硕士文凭印在羊皮纸上,由康奈尔大学校长亲笔签名,我至今珍藏。

将近毕业时,贾教授将我介绍给一桥梁公司 McClintic - Marshall Co.① 的总工程师 Wolfel②,得到该公司大学毕业生实习两年半契约,规定在实习期内,经过绘图、设计、制造、施工等现场训练,然后分配正式工作,第一个半年,月津贴(以下

---

① 麦克林蒂克—马歇尔有限公司。
② 乌尔夫。

皆美金)75元,第二个,80元,第三个,85元,第四个,90元,第五个,100元。我于1917年7月5日,到薛芷堡①(Pittsburgh)该公司报到,分配在绘图室工作,此室在Rankine②。

到薛芷堡后,第一件事是找房子,薛城是美国钢铁工业发祥地,有"烟城"之称,住宅多在郊区,我早听说,该城附近的威金堡(Wilkinsburg)最为清静,投宿旅馆后即往该地寻觅,见一家门悬"招租"牌(美国中产人家,往往以余屋出租谋收入,有的兼包伙食,如有空屋时,即在门口悬牌),即入问讯,出迎者为一老妪,约四五十岁,态度温和,交谈一两语后,即同意我入租,并云可包我伙食。我见出租房间,很是精美,极为满意,当天即从城里搬入,晚饭时菜肴亦颇得味,于是就在这里住下。岂知房东对我特别友好,感情日深,后来她们迁居到士维尔③(Swissvale),我也跟着搬去,直到我离美返国,未换过第二房东。只是在她们迁居未完时,我曾在威市另租一房住了几天。我住过的三个房子地名如下:

1. 440 Rebecca Ave. , Wilkinsburg;④

2. 810 Ross Ave. , Wilkinsburg⑤(临时);

———————

① 即匹兹堡。

② 兰金。

③ 今译斯威斯韦尔。

④ 威金斯堡瑞贝卡大道440号。

⑤ 威金斯堡罗斯大道810号。

3. 2031 Monongahela Ave. ,Swissvale. ①

以上第一及第三两处房子,我都留有照片。

我的房东姓 Graham②,有祖孙三代人,祖母年六十多岁,有两女,年四五十岁,都是寡妇,第二女有一男孩,其时年约10 岁。全家人都很和蔼,第二女在外工作,早出晚归,家务都由长女操作,非常勤恳,后来我在工厂实习时,早五时半起床,她也跟着起来为我做早餐。我那时每月付房租及伙食费美金 45 元,在当时不算贵,特别是伙食好,时常吃鸡,很有中国菜风味。她家有一外甥女,年约十七八岁,长得很美,有时来盘桓,总爱拉我跳舞,我不会,她就教我,但我忙功课,能推辞时就推辞。

我在桥梁公司,第一阶段实习是绘图,绘图室在兰金(Rankine),要从威城乘火车去,八时上班,五时下班,中午带饭去,房东替我预备。绘图室内皆美国人,很少大学毕业生,见我很欢迎。绘图是将每一钢桥构件的尺寸标明白,初看很容易,其实要各构件配合,问题也不简单。第二阶段实习是在工厂做模板,以便钢构件如式切边并打孔,好让铆钉穿过。指导我工作的一位工人,对我很和蔼,教导非常细心,曾约我

① 斯威斯韦尔莫农加希拉大道 2031 号。
② 格雷厄姆。

到他家吃饭，看到他全家人。他们工人在工作时，穿着工作服，油斑很多，外貌不干净，但下班回家后，换了衣服，在他家的环境中，也和一个教师家中差不多。他在晚饭后，自学科学，课本是一个业余学校发的，要付学费。他希望从工人升职为工程师。我学会做模板后，就学习切削钢构件和打铆钉，比较费劲。又学油漆钢梁，时常叫我去灌油桶，岂知油漆很重，拎一桶油走路，很费力气。在工厂实习时，七时上班，五时下班，我要五时半起床赶火车往工厂。晚上九时半就要上床。第三阶段学习是桥梁设计，设计室在薜芷堡市中心的一个大楼 Oliver Building① 的第十二层内。这个室内人就都是大学毕业生，衣冠齐整，言谈举止，显然不同于工人。设计室的领导人是总工程师 Wolfel②，原籍德国，是美国有名的结构学专家。他对我很器重，大约是由于贾教授介绍的缘故。他常和我谈一些理论问题，遇到一个难解的数学问题，就叫我替他做，他很为满意。后来我离开公司，他很留恋不舍。到设计室后，我又恢复八点上班，中午就在附近餐馆吃饭，因为带饭显得难看。

　　1918 年 12 月 18 日，我因忙博士论文，离开桥梁公司，在

----

　　① 奥利弗大楼。
　　② 乌尔夫。

公司实习一年半,距实习契约要求,尚差一年。总工程师见我离开,很表惋惜,在给我的证明信中,对我称赞备至。

我为何要忙博士论文呢？我在唐山读书时,对国外科学家,非常羡慕,特别向往英国剑桥大学的 J. J. Thomson[①]（我号唐臣,英译为 Thomson 即由此故）,因他们都是博士,我就想至少我也得有个博士学位。在康奈尔大学得到硕士后,摆在我面前,就有两条道路,一是继续在康奈尔忙博士学位,像郑华,一是往桥梁工厂实习,以期多得经验。后来还是实习战胜了博士,因为我那时已经理解到实践对理论的重要性。然而来到薛芷堡后,"博士"之心还未死,说起来,有个深远原因。我往唐山入学,本是盲目的,只知唐山有名,而不知它有哪些学科。及至入学后才知所学是铁路,慢慢发觉铁路的科学理论不多,远不满足我求知欲望,然而已经来不及了。铁路理论中,那时我认为桥梁较有兴趣,因而到康奈尔大学后,就选桥梁为研究专业。果然发现桥梁理论,大有钻研之余地,在作硕士论文时,就感到这门科学,大有可为;于是动了搞博士论文的念头。后来难抑心情,来到薛芷堡,以为博士无望了,不料这里有个加利基理工大学（Carnegie Institute of

---

① J. J. 汤姆森(1884～1919),英国物理学家,1906 年获得诺贝尔物理学奖,1910 年,首先发现了氖的同位素。

Technology），是为纪念"钢铁大王"加利基而创办的，着重钢铁冶金及钢铁结构有关各学科。又因该校位于薛芷堡市内，故其美术、音乐、戏剧等科也很有名。我偶然得到该校一本"一览"，内载该校有桥梁系，并设有"工学博士"（Doctor of Engineering）学位。尤其特别的是该校有夜校，所读学分与日校同一水平。这就引起了我一面实习，一面读书的打算。往该校探询，知欲得博士学位的，须选一个主科，两个副科，如主科为科技，则一个副科为相关的科技而另一副科为人文科学。于是我带了文件往该校工学院接洽，颇承欢迎，谈完选桥梁为主科，高等数学为第一副科，科学管理为第二副科。语言则除英文外，要有两个外国语，于是我选了中文及法文。此外，有若干课程，要读满学分，我就注册在夜间上课。这时才知该校桥梁学教授戴幽（Thayer）也是一位有名的结构专家，与贾教授相识。又知该校因成立较晚，颁发的博士学位不多，而工学博士则至今尚无一人，我的申请，算是第一次。从此，我就白天往桥梁工厂实习，晚间去加校上夜课。上的课一部分是高等数学，一部分是经济学、科学管理等。每晚七时到校，九时半回寓，终日无片刻余暇。数学课更费脑筋，因是为我特开的，上课者只我一人，主课的教授 Heckler① 慨

---

① 赫克勒。

叹说:"为你一人,我费的时间,比其他课几十人的还要多!"到了1918年12月,我读的学分,已经满额,下一步便是作博士论文了。这时日夜兼顾就办不到了,因为研究工作是要聚精会神的。考虑再三,万不得已,只好放弃桥梁公司的实习,于是向总工程师说明困难,请他谅解,他勉强答应,说是"成人之美"。因此,从1919年起,我就少了公司的津贴,只靠清华官费生活,那时官费从每月美金60元加到70元。我的官费到这年8月满期,我因读博士学位,请准延长一年,到1920年夏为止。

1919年初,我应学校外国语(法文)考试,居然及格。第二外国语的中文,我自然免试了。因此,我的高等数学课,就用法文书,因为那时英文高等数学书还很少。

从这年起,我日夜研究桥梁的"第二应力"(Secondary Stress)问题,作为博士论文的主题。到了秋天,论文写成,也请人打字,将一份送学校。经过审查,说是及格了,于是应博士考试。主考的除桥梁学教授外,尚有其他理工科及经济学科的教授。隔日通知我,说是考试也及格了,于是我可准备领取博士文凭。尚有一条件是将博士论文铅印100份存校,这是我回国后,在中华书局托印寄校的。颁发博士学位本来有一仪式,因我返国,学校托山东济南的齐鲁大学为我举行一典礼,我怕他们费事,就辞谢了。于是学校在薛芷堡各报,登载该校颁发博士学位的新闻,特别是由于我是该校的第一个工学博士。直到1936年时,我听说,该校尚无第二名工学博士。其他博士学位当然很多。在这里,我应当补记一件事,即该校土木系主任麦可罗(F. M. McCullough),对我特别关怀,将我的博士论文中的英文,逐句斟酌,遇有不妥,即为修改,费了大量时间。他曾约我到他家吃饭,我回国后也和我时常通信。

在美国,对博士学位,非常敬重,遇有这学位的人,便不称先生而称博士。自我博士考试及格后,同学戏称我博士,我也感到自豪。回国后,更是逢人都称我茅博士,不禁面有得色。后来于越出国,曾说我倾囊倒箧送他出洋,不是为了别的,只是想要有个博士的儿子,你看"父子博士",不是可同"父子状元"后先辉映吗?

有人问:"从1917年7月起,你在桥梁公司实习了一年半,在1919年12月,完成了博士学位的要求,但按章,硕士升到博士,需时两年,你一共只费时两年半,如何能完成三年半的任务呢?"这"秘诀"便在夜校,我利用实习一年半的夜间,完成了一年的白天要求!时间是省了一年,但脑筋并未少用,因为白天做工时,脑筋里总是想功课,做工与备课,同时并进。

1919年12月初,我接到唐山罗老师建侯11月12日的信,说校中美国教授,将于来年暑假去职,问我愿否接任,教授桥梁、结构功课,月薪银元300元。我那时有"三不主张",回国后,一不做洋奴,二不做官,三不教书,一心想办实业,做"桥梁大王"(来与"钢铁大王"媲美)! 但罗老师的厚意,又不便拒绝,于是回信说,立即回国,到后再商。因而马上准备离美,买到12月19日自温哥华(Vanconver)开往上海的"日本皇后"船票。所以这样匆促,也由于想家之故,因为已经离别了三年半了。

1917年4月6日,美国参加了第一次世界大战。美国实行征兵制的,我到薛芷堡后,就要在当地区委员会登记,得到登记证,但我因是外国人,不参加抽签当兵。然而看到抽中的美国人,顷刻间离开家庭,奔赴前线为之赞叹。我房东的亲友中,就有这样人,来告辞时,给我很深印象。

薛芷堡有很多钢铁厂,又有一著名的电机厂,再加加校,故中国同学很多,大部分是在工厂工作。其时和我常往来的有谢仁及其夫人、吴维岳、刘锡琦、周琦、陈体诚等。谢仁家房子较宽,又有他夫人的妹妹李佩娣在此读书,遇到星期天,我们就爱到他家去。时常聚谈,大家就想搞些活动,兴致愈高,就发起组织薛芷堡中国留学生会。于是就在市区一个较大的中国餐馆 Madarin①,召开了成立会,选出谢夫人为会长,我为副会长。本来是选我为会长的,我说让给她做,更显组织有力量。此后就经常在这中国餐馆开工作会议,餐馆主人也很热心招待我们。

我到薛芷堡后,参加了一些当地的社会活动,认识了当地一位有名科学家白莱希(John A. Brashear),他很器重我,常约到他家中小坐,会到他家人,他女婿学识渊博,和我很谈得来,我借此知道他丈人的一生奋斗经过,因而写了一篇《天文学家白莱希传》登载在中国科学社的《科学》杂志上,很引起读者注意。

在美国的中国学生,那时已有几千人,有一个全体组织的中国留美学生会,规模很大,分东方、中西方及西方三部分,每部分于每年暑假,召开一次年会,联络情谊,交流学识。1918 年中西方的年会,在哥伦布市(Columbus, Ohio)举行,会址在俄亥俄大学(Ohio State University),会期在 8 月上旬。我参加了这个年会,觉各项活动,都很有意义。适巧美国总统威尔逊,为了宣传他的关于停战的"十四点计划",这时来到哥伦布,当他在一大会堂演说时,万人空巷往听,都是放弃工资,自动前往者。大会堂内容人有限,四周广场,都是人群。

---

① 似是生造词。

我去得特早,居然挤进会堂,在后面角落里得一座位,然而听得威总统的演说,字字清楚(那时还无扩音器),非常动人。

在年会中,我结识了万兆芝,很谈得来,于是约定,在年会后,两人联袂往东方一游。我们到了 Syracuse, Rochester, Buffalo,①然后往世界闻名的 Niagara② 大瀑布,在美国和加拿大边界的大桥上,走到半桥而返。接着往 Albany③,乘船往世界最大都市纽约,住了三天,饱览各种名胜及哥伦比亚大学。乘船时,沿着赫德森河④(Hudson)航行,不觉回忆起欧文(Irving)小说中的故事,居然身临其境。在纽约时,住青年会,每天租金只一元美金,为一般旅馆的五分之一。在纽约畅游后,与万君分手,我回薛芷堡。

还有一次,我一人从薛芷堡往游费城(Philadelphia),美国独立"圣地",潘州⑤大学(Pennsylvania University)的杨毅和程孝刚为我做向导,参观了许多有关独立的古迹及遗物。还记得在铁路车站行李房取包裹时,人多而不排队,行李员任意发放,我足等了半小时之久。

又有一次,薛芷堡火车站,发售往华盛顿游览的来回票,

---

① 锡拉库扎,罗切斯特,布法罗。
② 尼亚加拉。
③ 奥尔巴尼。
④ 今译哈德逊河。
⑤ 今译宾夕法尼亚州。

票价只合单程的一半,星期六晚上车,星期天早到,在华盛顿参观一整天,当晚上车,星期一早回薛芷堡上班。我参加了这次旅行,在华盛顿参观了国会、白宫、华盛顿纪念碑等。

美国西方,歧视华侨特甚,东方稍好,然而有时仍不免。我在薛芷堡一美国人开的餐馆中,就受过被逐出的侮辱,后由该馆老板道歉。

1918年11月11日,第一次世界大战告终,当德国投降消息传到薛芷堡时,我正在市内公司设计室上班,听到外面人声嘈杂(那时还无广播),知道是这消息,大家立刻停止办公,有的拥向街头,有的敲物作响,有的从窗口掷下花纸,大家相互庆祝,人人惊喜欲狂。我随众上街,见人群拥挤,满地纸花,两旁高楼无数窗口,掷下各色纸花,飞舞空中,弥漫成雾。全美国人民的欢悦心情,无法描绘。

1919年6月28日,在巴黎近郊凡尔赛皇宫,签订了德国投降条约。从这年1月18日起开会,协约国之间的纷争,与日俱烈,我国因山东问题,英法左袒日本,不能解决,导致我国代表退出和会,于是国内舆论大哗,终至迸发起五四运动。我们留美学生,响应国内斗争,我在薛芷堡的两个大报上投函,要求美国主持公道,登出后,很得社会同情。为了扩大影响,我们薛芷堡中国留学生会决定在4月30日晚,举行一个晚会,名"中国夜"(Chinese Night),除请名人演讲外,并表演许多东方色彩的游艺节目。所请名人,有上述当地的白莱希(Brashear)博士及我国蒋廷黻博士,他那时是哥伦比亚大学研究生。准备的节目有北京故都五彩灯片、踢毽子、东方戏法、古琴等及三幕京戏《孝义节》,都是从各处借来及请人帮忙凑成的。最难得的是京戏中的全套戏衣及京戏的乐队,是从支加哥华侨会馆借来的,戏衣鲜艳夺目。但是这京戏《孝义节》的演出,却是费了大力量了。剧本是我编的,宣扬中国的封建道德,因为那时美国社会很欣赏中国古文化及旧传统,为了迎合心理,选了这个题材。剧词及表演,则请了加利基理工大学戏剧科的教师代为编写并导演。演员由我们大家分担,我做了一个主角的预备员。剧词当然都是英文。

晚会一经决定,大家都紧张起来,首先是请两位主讲,其次是编一本宣传小册子,都由我担任,还要在夜间校对小册子的排版。各项游艺节目,都指定专人负责。又怕晚会上来的人少,由谢夫人约请了本地许多名媛贵妇作为赞助人(Patrons),保证发票并拉人到会。

果然,晚会得到大成功,会场挤得几无立足余地。大会由我做主席(穿了大礼服),先请白莱希博士演说,由于他是本地名人,观众热烈欢迎。接着由蒋博士讲了一番国际形势及我国在巴黎和会上的立场,博得全场观众持久不息的掌声。接着进行游艺节目,因为都是中国式的,观众初次接触,不但惊奇,而且也赞美艺术的水平。最使观众轰动的,是京戏《孝义节》,在最后一场,一个军官头戴乌纱,穿着大红蟒袍,侍卫拥护出场时,锣鼓声喧(军官由陈体诚扮演,派头很足),全场观众高兴得站起来鼓掌。

隔日,薛芷堡所有各大报,都登载这"中国夜"晚会的详细报道,并各有充满同情的评论。不几天,国内五四运动的消息传来,当地社会更为轰动,我们的晚会,可算做了在当地开路的工作。

这年夏秋之交,美国忽然发生了流行感冒(Spanish Influenza)的大瘟疫,据说是欧战余殃,来势凶猛,各地死亡枕藉,就在我的住地,病死者日有所闻,房东一个好朋友,前几天来时还很健谈,忽然听说他去世了,因而本地挖坟工人忙不过来,棺柩送不出去,害得人人惊慌,好像朝不保夕。我自己当然也紧张,听说这病是由鼻呼吸传染,因忽发奇想,我素不抽烟,也许抽烟倒可防毒,就在本地杂货店,买了几盒"三炮台"香烟(这烟在美很少见,因一般都抽本国烟),开始抽起烟来。后来瘟疫过去,我竟安然无恙,也不知是否抽烟的奇迹。此后我又不抽烟了。

在此顺便提一下,我在美三年半,除一次拔牙外,未生过任何疾病,不知医院内是何情景。在学校缴费时,要付医院保险费(付了这少数的保险费,以后进医院就不另付住院医疗费了），我付的这费，就算是捐款了。

国内五四运动影响，日益深化，国际上"山东问题"久悬不决，我等留美学生，继续宣传呼吁，即 10 月 10 日，"双十节"时，薛芷堡中国留学生会又在这天晚上，举行了一个大会，算是半年前"中国夜"的继续，也同样请人演讲，表演游艺节目。这次的压台节目，是一话剧，《虹》（*Rainbow*），内容是"中美合作，扫除阴霾，争取国际和平"，其剧本及剧词，全是我编写的，脱稿后请加校上次来协助的教师，修改了一下。由于"中国夜"晚会的影响，这次晚会，未费大劲，也得到圆满成功，凡来参加的，事后都表示满意，愿在中美合作上出力。

康奈尔大学丁昆，有一位亲戚高阳（号践四）也在美国读书，经他介绍，与我通起信来，高君见到我在报上发表的文章，就来信赞扬，同时大谈救国之道，他的文笔很好，爱国热忱，溢于言表，我为他感动，也写了一封长信答复。后来我两个往来书信不断，很值得纪念。我两人宗旨虽同，但策略稍异，他主张从教育入手，我主张从实业入手，其实都未打中要害。高君回国后，曾任无锡社会教育学院院长（我四舅韩天眷曾在该院任教），得到推行他的主张的机会，但我对实业，却无甚贡献，未免有愧。

我刚到薛芷堡时，与吴维岳往来甚密，他善于照相，我也被吸引上了，于是买了照相机及冲洗胶片用具，不时在室内室外照起相来。对房东一家照相，自不必说，更把国内寄来相片，择优放大，其中蕙君的自然最多。可惜这些"成绩"都因杭州储物房屋焚毁而不存了。

我对音乐，本是外行，但课余休息时无可消遣，就买了一个留声机，听听唱片，那时还没有无线电广播的音乐。不久就听出瘾来，对音乐渐感兴趣，有些歌曲，牢记不忘。我回国时，将唱机和唱片，都送给了房东。

看报是美国人生活中的大事，我也渐有些习惯。在薛芷堡，每早上班时，买一份 *Post*①，下班时，买一份 *Chronological Telegraph*②（两个薛城大报），每份报价，二分美金。卖报的都是初中孩子，他把报纸堆在人行道旁，放一空罐在那里，就去上学了，买报的人，拿一份报，放二分钱，等到孩子散学时，报是卖完了，罐子也满了，竟然没有人拿报不给钱的。

美国大众化的饭馆，名自助餐馆（Cafeteria），我在康奈尔大学及在薛城市区用饭时，都喜进这种餐馆，不但价廉，而且节省时间。进门时先取一托盘及刀叉餐具，然后在柜台上，自取爱吃的盆汤盆菜及面包，在柜台终点，有人计数收钱，付钱后，拣一座位用餐，用了就走，非常省事。当时有一这样餐

---

① 《邮报》。
② 《每日电报》。

馆,无人计数,门口收钱时,按你自报之数照收,全靠信用,居然它的营业特佳,蒸蒸日上,因为少了一个计数员的开支。

电影都是无声片,一场多半两小时。遇有好片,我也爱看,有的故事片,表演特佳,当时沉湎其中,哀乐忘我,事后总难忘怀。回国后所看有声片,很少比得上那些无声片,大概由于无声片的表演,更加动人之故。记得看过两个世界闻名的片子,一是《一国的诞生》(*Birth of a Nation*),讲美国独立战争,其中演员吉希(Lillian Gish),活脱一个林黛玉,我至今不忘。另一是《容忍》(*Intolerance*),触动人的灵魂。两片场面伟大,演员之多,前所未有,据说每片摄制,耗金百万元,当时为惊人数字。其时著名的女演员玛丽匹福①(Mary Pickford),号称"美国情人"(Sweetheart),每年薪水达 100 万美金,表演之佳,当之无愧。

歌剧(Opera)在美国是"上流"社会的"必修课",不论懂与不懂,都要强作解人,评其优劣,因为歌剧内多名家乐曲,而且常用外语,为法文、意大利文之类,说爱歌剧就是说懂音乐、通外语,表示文化水平之高,其实就是英文的莎士比亚的剧本,也非一般"上等人"所能完全了解的。我也冒充"上等人"去听过几次歌剧,其中唯莎士比亚的《威尼斯商人》还懂

---

① 美国 20 世纪初著名女电影明星,今译玛丽·璧克馥。

得一点点。又听过一个中国故事的歌剧,名 *Chu Chin Chao*①,其实是《天方夜谭》中的故事,穿上不伦不类的中国京剧服装,唱出不中不西的刺耳歌调,为之啼笑皆非。

马戏,即杂技,在美国为大众化的娱乐对象,在小城市和乡村,一年看几次马戏,就同过年过节一样的欢乐。马戏团的规模,也大得惊人,一般都有自己的帐篷和舞台及观众的应用设备,不须租赁剧院表演,而且它可供几千观众到场,也没有这样大的剧院。它有自己的铁路车辆,装载所有设备及演员,终年在铁路上流动,可在任何小车站停留,只要有相当空地,一夜之间,就可建立起一个大剧院。最大的一家 Ringling②马戏团,拥有铁路上一百几十辆客货车。这个戏团,来过薛芷堡,一到就先在市区游行,展览狮子、大象及各种罕见动物,并由演员穿着奇装异服,列队游行,引得全市群众,特别是小孩,纷纷上街,夹道欢迎。晚间大帐篷内表演,我事前买了票,也去观光,见帐篷是椭圆形,观众六七千人,都有座位;舞台有五个,同时表演;每场演员一人至三人,另有乐队;其节目多是新奇、惊险、滑稽之类。表演之佳,值得怀念。

有一小说,讲一马戏团的悲惨故事。戏团的铁路车辆因

———————————

① 中国故事。
② 林林家族。美国著名马戏家族。

火车出轨而倾覆,团内一个主要女演员,被压在车下,无法脱身,因受伤而疼痛难忍,一定要她爱人用手枪结束她生命,最后果然这样死去,在小说里,描写得非常动人。

美国大小城市,都有一种"杂耍戏院"(Vaudeville),如同天津的"落子馆",有各式各样的短剧,种类繁多。康奈尔大学的绮色佳,也有这种剧院,薛芷堡更多。我看过的各剧中,有一种记忆犹新,名《精神集中》(Concentration),表演时,台上坐演奏员十人,各司一种乐器,双目用布掩盖,其乐队"指挥"下台,在观众位前走动,请观众写一曲名于纸上,他看过这纸后,向台上发一信号,立刻台上即演奏这支曲子,十个人的配合,无瑕可击。他走到我面前时,我将我写的纸条交他,纸条上写了曲名《相会有期》(Let's Meet Again),是我喜爱的曲子,他看过纸条,向台上作一响声,果然台上十个人立刻演奏出这个曲子,和我在唱片里听见的同样优美,真使我惊奇无已,至今莫名其妙。妙在十个人的动作要配合,"指挥"的命令,如何能同时传达给他们呢?在今天也许可用半导体的收音机。或者他发出的信号有几百种不同声音,每种配一曲子,然而他的信号,只是个单音,难道有几百种单音吗?而且他的单音听来相同。

我在唐山读书时,就想到一种计算尺的画线方法,可以增加精度,来薛芷堡后,偶尔看到一本关于专利权的文件,是一位专办专利权的律师写的，我就去信问他，我这意见，能否专利，他回信说可以，并愿为我代办，酬劳费若干，我听他话，果然办成了，领来美国政府的"专利权证书"，载明计算尺的图样，别人不得仿造。专利权期限为十七年，过期失效，仿造无罪。后来我又"发明"了一种小计算器，和一种牛奶和糖合用的玻璃盅，居然也都得到专利权证。其初以为这些专利有十七年，不急于寻找制造厂家，不意回国后，就把这事耽误了，徒然花了律师费，而一无所得。

我想回国后修桥，需用多种机械设备，在期刊上看到各制造厂家广告，说只要有正式公司来信，即将机械说明书寄赠，有的说明书，很有内容，于是就印了一种有公司名称的信纸（公司名 Eason Construction Co., American Office①）向各家分送，果然得到不少技术资料的说明书。

我在美国时的外国朋友，除有工作关系者外，有一个最称知己。这是位巴拿马人，名 C. Bertoncini②，是某大学（想不起名称了）毕业，在薛芷堡工作，对于桥梁结构理论，很有根基。不知他如何知道我，特来求见，晤谈之下（讲英文），非常投机，从此时常相互往来，加深了友谊。他为人天真热情，知

---

① 伊森建设有限公司美国办事处。
② C. 伯通斯尼。

识广博，年纪和我差不多，够上"道义之交"。我回国时，他临别黯然失声。

又遇到一位美国人，大学毕业而在工地做工人，我见他用电钻钻混凝土，很是费劲，就问了一句"很累吧"，他就和我攀谈起来，从混凝土谈到结构理论，好像他的水平很高，我不禁诧异，原来他是一个有名的大学毕业生，问他为何不去做工程师，他说工程师的工资低，远不如工人，他原先是借债读书的，想做几年工人，还清债务，然后再去大学做助教，搞科学研究，他并说，在美国，像他这样的人很多，大家都不以当工人是难看的事，我听他一说，反觉自己的思想落后了。

我在美国三年半，穿的衣服，除添补衬衫袜子外，全是在上海动身时，用清华治装费 250 元做的，计呢大衣一件，西装两套，毛线衣、呢帽及皮鞋两双等，因在美国，做一套西装，用一个月的收入都不够。因此，在社会交际上，我总不免露出寒酸样。好在可以租衣服，遇到需要穿礼服时，也可打扮一新。

美国人一般信耶稣教，入天主教的很少。逢到星期天，几乎家家都去礼拜堂做礼拜。后来知道，这也是他们的一种社交活动，在礼拜堂可以见到不大往来的朋友，年轻的人，更可找对象。礼拜堂有"星期学校"（Sunday School），常请未入教的人去参加，借做宣传。我也被"逼"去过几次，觉得也有些意思。他们一般都是由年轻而又活泼的女子做宣传员,使你"抗拒"不得,然而我终未入彀。

美国的杂货店,名为药店(Drug Store),因为一般都设在大街转角处,又名角店(Corner Store),里面除卖普通药外,兼售各种杂货,并供冷饮,我住士维尔楼房的下面,就是一个这样的杂货店,所以买东西方便。店里经常有三五人闲坐聊天,有时大开辩论会,我因常去,也被拉参加,要我讲些中国故事。

美国的理发店,因为理发员少而来客多,经常要坐着排队,所以预备了很多坐椅。等理发的人,不论生熟,时常高谈阔论,不是报告新闻,就是批评"朝政",我在理发时,听他们这样对话,就联想起狄根士①(Dickens)小说中的故事。美国理发,一般是"三部曲",即理发、修面及剪指甲,而剪指甲最贵,因都是年轻女郎做的。有时还有擦皮鞋的人在旁边"伺候",你尽可上面理发,下面擦鞋,而中间修指甲,上下同时并进。我经常是只要上面理发,其他一概谢绝,花美金二角五分。

那时美国的男女社交,已经很开通,高中的学生就谈恋爱,进到大学的女学生,一般都是其貌不扬的。家庭管教及

---

① 今译狄更斯。

龄儿女，也很严格，特别对女的，不许一个人去参加跳舞会，要有年长的陪伴，就是有熟的男友带去，也要有人陪伴。我就被房东请过一回，去陪她们的外甥女及她男友。

美国出版之盛，极为惊人，日报期刊极多，固不必说，有的日报星期日增刊，达 100 页以上，于业务书籍、普及读物、文学著作、科技杂志等皆日新月异。更有各种扩大知识的专著，如 *Robinson Memory Course*① 教人如何记忆，等等。

1919 年 12 月初，我决定回国，就去一家专营旅行游览的代办所打听，他问我：到何地，何日启程，路上何处停留，几人同行，准备花多少钱。然后他向各处打电话，不过半小时工夫，他替我安排好一张路程表，并附各种车船票，详载地点、日期、时间、车船座位或卧铺、房舱号次，井井有条。后来我上路，按这些车船票找地方，没有一处错误，我真佩服他们办事的效率。尤其难得的是火车换车、车船连接，时间非常紧凑，既不太匆促，也不须多等，简直像乘专车，沿路不停一样。

我回国的路程是：12 月 14 日从士维尔动身往加拿大，乘加拿大太平洋铁路往温哥华，18 日到，在旅馆住一宿，19 日午前登"日本皇后"号邮轮，正午 12 时开船。

动身前，房东一家当然惜别情殷。先是帮助我理东西，

---

① 《鲁宾逊记忆指南》。

装进一个铁衣箱（美国买的），一个大木箱（因有不少书），到时由房东请人为我搬下楼，铁路车站派车来接（运大东西时，都是车站派车来家接，到站后派车送到家，从家到车站的运费，包括在票价内），一直到温哥华装上船，都不需我费心。我在理物时将所购留声机一座及唱片约 50 张，都送与房东。到启程的这一天，与房东全家握别，她们依依不舍，我也很觉难过。在温哥华上船前，给房东去了一封道谢信。后来，经常给她们贺年片。

"日本皇后"号邮船，当时算是二等船（后来邮船公司造了一只新的"日本皇后"号，那就是头等船了），我坐的是头等舱，设备也不错。这船沿太平洋北线走，不经檀香山（Honolulu），故到横滨只 14 天。

这次回国，我是一人单行的，没有伴侣，然而沿路都有人谈话，并不寂寞。在加拿大乘火车横越北美大陆，需时三天多，在我卧铺的对面，是母子二人，母很年轻，子不到十岁，我沿路照料他们，她很感激，他们在一小站叫 Medicine Hat（意译为"医药帽子"，当有取名缘由）下车，再三道谢而别。在轮船上，交谈的人更多，也有很投机的。他们有各国各种的人，但未发现有搞科学的。谈起中国来，他们倒都同情，认为是受了日本的欺侮。

这次航行，因是冬季，遇到一次大风浪，船身摇晃，坐立不安,不呕吐就好,更不敢去餐厅用饭了。头等舱的伙食,本来是很讲究的,有好多种汤菜听点,都是精肴美品,也只好放弃了。幸而两三天就越过风浪区,依然阳光照耀,甲板上和暖如春。我们租有躺椅,在甲板上日光浴中,随意聊天,身心舒畅。船上从无线电报中得来消息,每日发行一种新闻报道,天天看报,就无与世隔绝之感。船上有图书室,理发室,诊疗室等,并有小会堂放映电影。

　　船在越过"国际日期变更线"的那一天,正好是 12 月 25 日,为耶稣圣诞节。照例,在"变更线"的这天日期不算,改用第二天日期,于是"圣诞节"没有了,船上客人多耶稣教徒,如何能答应,就向船长要求,保留二十五这天而取消二十六的日期,船长同意了,于是在 12 月 24 晚上,Christmas Eve①,船上开了大规模的庆祝会,有电影,有表演,更有化装跳舞会,彻夜狂欢。

　　船到横滨,是新年 1 月 1 日,乘客可以上岸,在日本游两天,等船到神户再上船,在日本的火车费由船付。我同三个乘客参加这次小旅行,先到东京,住帝国饭店(Imperial Hotel)。1955 年我往日本,也住在这个饭店,外形与前无异,但

----

　　① 平安夜。

内部全然改观了。饱览市区后,在往神户路上,在 Kamakura①停留,参观大佛像,然后往神户上船,继续航程。向家中发电。1 月 5 日,船到上海杨树浦码头,上岸后见来接者竟是我父而非别人,既欢欣,又感动,遍问家人情况,知道个个平安,喜悦之至。随乘马车往北京路一客栈留宿,恢复往年国内生活,不禁有"返璞归真"之感。这时我身携美金不多,隔日往银行换银洋,岂知一元美金尚不抵一银元之值,在出国时是一美元合三银元,因这时世界上银价暴涨之故。

第二天乘火车回南京,与家人团聚,于是我的"出洋"佳话,就此结束。

1971 年 8 月 31 日

_____

① 日本镰仓市。

我与中国桥梁建设

　　岁月不居,新中国建立已经三十五周年,而我从事桥梁建设工作则已有六十七个年头之久了。在这漫长的岁月里,我亲身经历过中国近代桥梁史上的关键时刻,也在祖国的桥梁建设事业中尽到了自己绵薄的力量。回首前尘,不胜依依之情。

　　我 1896 年出生于江苏,祖籍镇江,却在南京这座六朝粉黛的石头城中成长。六十四年前,我曾目睹秦淮河上的文德桥断裂伤人的不幸事件,从此矢志为人民架设桥梁,便民利国。我因家境贫寒,1911 年以 15 岁稚龄,考入公费的唐山"交大",五年以后,又被保送留美。1917 年,我在美国康奈尔大学土木工程系攻读桥梁专业,在导师贾柯贝教授的指导下,获得硕士学位。其后,又被导师推荐,到美国钢铁生产中心匹兹堡一家桥梁工程公司实习,一面工作,一面在当地著名的加利基理工学院(后改名加利基—梅隆大学)攻读博士学位,于1919年底通过博士论文答辩,我为这所学院第一名工学博士。六十年后,即1979年,我率中国科协代表团访美时,曾接受加利基—梅隆大学赠送的荣誉校友奖章。旧地重游,两鬓似霜,这使我感慨万端,思绪起伏。

我自1921年返回祖国后,先后在唐山母校、南京东南大学、南京河海工程大学、天津北洋工学院、贵州平越交通大学(抗日战争时期)、唐山工学院等任教,其中除执教外,还担任过院长、校长。1949年10月,当中华人民共和国宣告成立时,我又荣幸地被中央人民政府任命为中国交通大学校长,并参加新中国桥梁的建设工作,颇有些历史性的巧合,俗话所谓"三十年河东,三十年河西",对于我来说,不管是"河东""河西",都离不开"搭桥""建桥"工作。今年5月间,我被光荣地推选为中国人民政治协商会议全国委员会副主席,在感到责任重大的同时,我想到的仍然是"搭桥""建桥":早日搭成通向祖国现代化之桥,尽快建造祖国统一之桥。

人们都知道,我国的桥梁建设有着极其悠久的历史。早在三千年前,中国人民就会建造木桥和浮桥,后来又掌握了建造石梁桥、石拱桥和铁索桥的技术。我们的前辈们修建的桥梁以其严谨的结构与优美的造型闻名于世。如建于隋开皇大业年间(公元590~608年)的河北赵县(州)的安济桥,建于公元 1053～1059 年的福建省泉州的万安桥以及始建于公元 1170 年的广东省潮州的广济桥,为中国的三大名桥。其中安济桥是一座跨度为 37.07 米的石拱桥,结构合理,造型精巧美观,至今虽然已有一千三百多年的历史,但仍巍然屹立,完好无损,堪称世间奇迹之一。

尽管我国建造桥梁的技术起源较早,但是,由于长时间封建制度的桎梏与禁锢,特别是 1840 年鸦片战争之后,中国沦为半殖民地、半封建社会。在那个内战频仍、国难深重的历史年代,铁路、公路往往是"遇河而断",或"遇河而止",以致使城乡交通极其不便,特别是南北交通困难万状。直到三十五年前,新中国如朝日初升,我国广大的桥梁技术人员才获得了充分的用武之地,中国的桥梁建设才得以迅速发展。截至1981 年底,我们共修建桥梁一万四千多座,总长近 1000 千米。

1957 年以后,中国铁路建设发展速度极快,对中小跨度桥梁需求量很大。根据这一情况,铁路混凝土梁(20 米以内)和预应力混凝土梁(32 米以内)采用了工厂预制的标准梁,从而加速了铁路施工进度,也节约了大量钢材,开创了铁路桥梁建设的崭新篇章。随着祖国经济建设的不断发展,需要在大江大河上架设新桥梁。我们曾于 50 年代后期建造了不少铁路特大桥梁,如黄河桥、珠江桥、赣江桥和湘江桥等。在过去,人们一直把长江视为无法跨越的天险,似乎在波涛汹涌的长江上建起大桥，是一件不可思议的事情。但是，"一桥飞架南北，天堑变通途"的局面终于出现了。1957 年，中国的桥梁工程技术人员经过努力，终于在长江上建成了武汉长江大桥，"万里长江无桥梁"的历史从此宣告结束。这座大桥为公路、铁路两用桥，正桥由三联连续钢梁组成，每联三孔，每孔跨长 128 米，梁高 16 米，全桥长 1670 米。武汉长江大桥的建成，为我国建造深水基础桥梁积累了许多宝贵的经验，标志着中国的桥梁建设已进入新的历史阶段。

60 年代初期，中国成功地建造了南京长江大桥，引起世界各国的赞叹与注视。南京位于长江下游，水深流急风浪大，基岩埋置又深，地质情况复杂，一向被视为禁区。中国奋发有为的桥梁工程技术人员，完全依靠自己的力量，设计并建造了这座跨越长江的第二座公路、铁路两用桥，主跨达 160 米，全长 1577 米，铁路引桥 6700 米。南京长江大桥工程规模之宏伟，技术要求之复杂，在世界建桥史上亦属罕见。南京长江大桥的胜利竣工，显示了我国人民自力更生的志气，也反映了中国桥梁工程界的新水平。

70 年代后期，随着电子计算机在桥梁设计中的应用，高强度钢梁和高标号混凝土的问世，桥梁制造工艺水平不断提高，桥梁结构向更大跨度方向发展。1980 年，我国建成四川省重庆公路长江大桥，该桥为预应力混凝土 T 型钢构桥，主跨达174米。1981年,建成中国第一座铁路斜拉桥——广西红水河桥,该桥主梁为预应力钢筋混凝土箱形连续梁,主跨96米,采用分段悬臂灌筑法施工,这座斜拉桥的建成,为铁路预应力混凝土梁向更大跨度发展打下了基础。1982年建成的山东省济南黄河公路斜拉桥,主跨220米,是当前中国已建成的跨度最大的斜拉桥。此外,1982年还建成湖北省汉江铁路斜跨钢构桥,主梁为箱形钢梁,跨度达176米,该桥中孔浮运至桥位整体吊装,别具一格。这些新型桥梁结构为我国桥梁建设填补了空白,并展示出新中国铁路桥梁建设水平的不断提高。

新中国建立以来,国家注意培养桥梁建设人才,组织和加强桥梁科研、设计、施工队伍。中国目前有九所大学设有桥梁专业,每年向国家输送大批桥梁技术人才,还设有专门从事铁路桥梁科学研究的铁道部科学研究院。除此以外,我国还有五所铁路设计院,铁道部各工程局、铁路局都有专门的桥梁设计、施工、养护队伍。在公路方面,也设有不少研究和设计机构。

我是中国桥梁科技战线上的一名老战士,在一生的科研、教学实践中,曾经带出了一批又一批的新兵。1978年,为了总结我国历史悠久、日新月异的桥梁技术,我曾主编过一部《中国古桥技术史》。这项工作,对于我来说是愉快的,也是为了完成自己的多年心愿。早在四十八年前,怀着一颗为中国人争气的爱国心,我曾同我国的科技人员一起以最高的速度、最低的造价,战胜了"无底钱塘江",建成了连接浙赣的钱塘江大桥,利用了"气压沉箱法",并试采用了微波通讯的先进技术。1982 年 11 月,我应邀访美,接受美国国家工程科学院院士荣衔,旧地重游时曾接受美国《匹兹堡日报》专栏作家马丁·史密斯的访问。史密斯先生显然是对我当年修建的钱塘江大桥极感兴趣的,以致他在自己的专访中写道:"时隔四十多年,它(钱塘江大桥)仍然在为运输服务。"不错,我是以此为骄傲的,也是以此为荣的。但是,这份光荣并非属于我这个桥梁工程师,而是属于中华民族和中国人民的。没有勤劳智慧的中国劳动者,一位桥梁科技人员又怎能做出惊天动地的业绩呢?

每当我向北京的青少年叙述这些往事的时候,我总是满怀信心地希望这些祖国未来栋梁之才迅速成长,早日把中国的统一之桥、现代化建设之桥胜利建成,并在全世界的朋友们和我们之间架设更多的友谊之桥,使第二代、第三代的生活变得更加美好。

1984 年 7 月

茅常务委员唐臣讲演词

——三十三年九月一日本会三周年纪念会讲演①

  今天本会成立三周年纪念,兄弟得能参加,不胜荣幸,顷聆冯委员训话,至感兴奋。本会成立于艰苦抗战之际,亦即向胜利迈进之时,职责甚为重大,尤其对于战时粮食之生产,得益于水利者,实非浅鲜,此皆各位同仁之努力所致,吾人深表庆幸。

  水利事业范围至广,"水利"二字,在外国文上确难移译一适当之名词,其内容包括有行政与技术等等;关于技术方面,水利需要有高深之技术,故普通技术进步甚快,而水利技术则进步较缓,我国各项工程可与外国相颉颃者,唯有水利,是以大禹诞辰定为中国工程师节,其寓意即在此,科学昌明之外国,且常有不可避免之水旱灾发生,故水利工程非需要

---

  ① 本文是茅以升 1944 年在行政院水利委员会三周年纪念会上的讲演。

高深之技术不可。

　　水利行政须有平庸之方法，同时水利需要较长时间，需要巨额经费，从事水利事业者，必须有高度之毅力与持久及不畏难之精神，始能收效，此虽为一艰难困苦之事业，然所得酬报亦最大，如往昔艰巨河工完成之处，当地人民往往将致力是项工程人员，奉之为神，崇功报德。

　　人生以服务为目的，助人为快乐之本，吾人应不畏艰苦，全力以赴，试思一种水利工程完成之后，受益之人民如何广大，亦足引为自慰矣。

　　水利为一复杂之事业，其成就至大，望各同仁在薛主任委员领导之下，努力迈进。

　　　　原载 1944 年《行政院水利委员会月刊》第 1 卷第 9 期

本部选派出国实习人员概述①

今日奉命代表甄选委员会，报告本部选派出国实习人员状况，此次本部选派出国人员，数额颇多，在本部历史上洵为一重大事件，兹分别说明要点如下。

（一）经过。此次本部选派出国人员，共分数批，一为统案，一为专案，统案中又分二批，第一批二百五十五人，第二批三百二十人，共五百七十五人，专案限于铁路人员，计一百一十人。关于费用方面，统案第一批由我政府筹拨；第二批一部分在租借法案内拨给，一部分由实习工厂负担。其专案之费用来源，与统案第二批相同。统案第一批，在去年年底，已开始进行，并已规定考区考期，后因故暂缓，至今年九月又

---

① 本文是茅以升1945年10月23日在交通部"国父纪念周"上的报告，本部即指交通部。全文根据1945年《交通建设》杂志上发表文字原文照录。

决定续办。统案第二批,系美国方面所发动,本部于九月正式奉到命令。专案亦发动于去年,迄本月中旬始奉批准,故统案第一批及专案,均在同一时间内推动,而统案第二批复因有特殊原因,必须提前选派,录取人员年内即须出国,故将次序改为先办第二批及专案,再行续办第一批,复因时间迫促,为考虑上项特殊原因,及应考机会均等起见,又将第二批考试分为二次,第一次于十一月一日举行,录取人员立即出国,第二次于十二月间举行,录取人员明春出国,故此统案第二批之三百二十人,须在年内办妥,选派手续。至于专案一百一十人亦提前同时办理,至统案第一批之二百五十五人,正在继续办理,唯考试日期,因须与经济、教育两部会商,尚未决定。

(二)办法。统案第一批之选派办法,于九月二日部令公布,第二批选派办法,于十月十三日部令公布,专案选派办法,于十月二十一日部令公布,均经训令部内外各单位遵办,其办法大体相同,唯统案第二批及专案之出国人员,均到美国;统案第一批之出国人员,则分在美、英及加拿大三国,其实习时期统案第一批定为二年,统案第二批定为一年,专案为一年半,但必要时均得酌量变更之,详细手续,已在部令公布,兹将应行特别注意之点,统括报告数项,第一为申请,凡合于选派资格之人员,均得本其实习志愿,呈缴体格证明书,向服务机关申请保送，但其实习志愿，得不以现任工作为限，如现在公路工作者，得请在铁路方面实习，唯身体必须健全，英语必须通畅，此则为一般之首要条件，第二为保送各机关对于申请人员先作初步审查，其审查时间，统案第二批限十月三十一日截止，统案第一批限十二月十五日截止，保送机关虽规定为本部附属机关，但申请人员凡在交通事业服务二年以上，而现服务于非本部附属机关者，经本部核定，得由现服务机关保送。第三为审查保送人员，按其志愿由本部各主管部分，分别审查其服务成绩，加注考语，再由人事处审查其资历。第四为通知，经审查合格人员，由各主管部分通知应考，应考人与录取人之比例，原经拟为一百五十与一百之比，现为放宽应考机会起见，以不加以限定。第五为考试，统案第二批第二次考试，第一次定于十一月一日在重庆举行，第二次定于十二月五日在重庆、昆明、成都、贵阳、西安、独山、兰州、宝鸡及加尔各答等九处举行，专案之考试亦定于十二月五日与统案同时举行，唯仅限于六处，至于统案第一批之考期，现尚未规定。第六为命题及阅卷，此次考试命题及阅卷，由各主管部分分别主持，各地试题一律，阅卷亦集中办理，考试科目分为二种，一为普通科目，即党义与英文，二为专门科目，分为二项，一为理论的，一为实际的。第七为评分，总分数评定之标准，为笔试占五十分，服务成绩包括口试占五十分,服务成绩由保送机关填注后,归主管部分复核。第八为录取,统案第二批分二次考试,共录取三百二十人,每次录取人数,当视考试成绩情形酌定。专案录取一百一十人,统案第一批录取二百五十五人,发榜以后,须立即出国。

(三)组织。甄选委员会设委员十一人,除部次长及各主管部首长为当然委员外,并选派本部高级职员担任,考试院亦派员参加,委员会之职掌为联系各主管部分有关甄选之事项,并办理试场事务,其在美接洽事宜,已派由王委员国华在美办理,委员之下设干事会,办理一切日常事务,诸位如有询问,可随时与办事会接洽,如有未能尽善之处,尤盼指教,以便修正。

金敏甫笔记,原载 1945 年《交通建设》第 3 卷第 1 期

中国桥梁公司发展计划书①

缘　起

本公司系民卅二年春由交大部发起组织,计股本两千万元,内交大部及各路占一千万元,中国银行三百万元,交通银行四百万元,中国兴业公司三百万元,别无私人股本。现任董事:部方为曾养甫、杨承训、赵祖康、张自立、刘景山,银行及公司为霍宝树、陈隽人、汤钜、赵棣华、傅汝霖、胡光尘十一人。董事长曾养甫,经理茅以升。

资　产

原在广西柳州设有桥梁厂,曾承制西南公路局钢梁多座。嗣于廿三年冬拆迁于金城江,现仍停留该处。此外黔桂

---

① 本文根据手稿原文照录。

铁路沿线有运出之钢料约五十吨,重庆有房产数所,总计资产现值约二亿元。

人　员

本公司工程人员多系由前钱塘江桥工程处、武汉大桥设计处及交大部桥梁设计工程处调来,约共三十人,均系国内桥梁技术专门人员,内有十人由交大部派赴美国考察实习,由公司担负费用,现已有五人返国。

工　作

本公司过去曾担任修建西北公路局大小桥梁十座、西南公路局钢桥七座、川陕公路局桥梁一座,均早经完工。

此外本公司受交大部之委托曾为代办国有铁路桥梁之标准设计及向善后救济总署申请材料之钢桥材料表报等工作,均属义务性质。

现时本公司受重庆市政府之委托,在渝办理扬子江及嘉陵江两大桥之设计工作,近复受上海市政府之委托,在沪办理黄浦江越江工程之设计工作。

本公司设立之目的原欲为各铁路公路解决桥梁问题,俾不致长期仰赖外人或受国内包工之垄断,故必须健全本身组织，加强实力，方能担负其使命。在此创始时期尤必赖交大部之扶植、保育，树其基础，方能期其发展。

（一）拟请交大部将部辖之山海关桥梁厂及北平丰台附近前日人商营之横河桥梁工厂均交本公司代办，其办法另定之。

（二）拟请交大部将向善后救济总署申请得之桥梁工厂之机器设备拨交本公司设立武汉桥梁厂，制造平汉、粤汉等路之钢桥及车辆。

（三）拟请交大部将向善后救济总署申请得之修桥工具、机器及设备酌拨本公司应用，以便承办巨大桥工，免因工具关系长受私人包商之要挟。

（四）拟请交大部将平汉铁路新黄河桥之设计及筹备事宜交本公司代办，以便争取时机。

（五）为造成上之任务计，本公司宜即扩充组织，由交大部重新指派部属董事，并由本公司延揽国外专家协助积极进行。

桥梁事业本宜商业化，本公司原属国营性质，所有组织制度与人事尚可发挥商业化之效用，只以限于资本，未能充分利用固有之人才达到创设公司之本意。今若承交大部补助充实其设备，则重要桥梁之修复与建造可有负责机构办理，对于各路之复兴当不无贡献也。

回忆我在北洋大学

北洋大学在全国大学中,是建校最早的,因而素有"老北洋"之称。所谓老,不一定是美誉,老干部、老科学家是尊称,老官僚、老学究就是贬词了。但北洋属于前者,历史虽老,教学不旧,毕业生在工作岗位上,绝大部分都能顺应潮流,时有建树。特别在政治上,学生运动也是勇往直前的。北洋校内的几次罢课学潮是可歌可泣的,全国性的学生运动,北洋学生也素不后人。

这里,谈谈我与北洋大学的历史渊源。

1926年夏,我在北京,北洋大学校长刘仙洲先生来访,约我去校授课,因为结构学教授美国人阿罗克①(O. Rouke)合同期满回国,经李书田先生推荐,要我去接他的手。我于

①　即《留美回忆》中所提的欧罗克。

1920 年自美回国①后，曾在唐山交大担任过教授兼工科主任，后在南京东南大学担任过教授兼工科主任，对于教书向来有兴趣，刘校长来约，正中下怀。但那时我在北京有任务，一时走不开，就商定先去兼课，渡过缺人难关，每星期去天津一次。到了 1927 年夏，才接受北洋大学专任教授职。那年去天津时，就住在老友罗英先生家。1916 年，他和我以及郑华先生同在美国康乃尔大学②读桥梁系研究生，那时该系除了我们三个中国人以外，并无美国研究生。我每星期去津时，与罗先生晤谈，颇得教益，后来我就约他往钱塘江桥共事。

我在北洋大学任专任教授时，主讲结构工程及有关各科，每星期授课二十几小时。我将每星期课程，安排在四天内，每天上午授课，腾出三天时间（包括星期日）搞科学研究，这就给了我时间来研究如何改进教授法。在这以前，我在唐山及东大授课时，曾创立了几种教授法，其目的在启发学生思考，引导学生深入钻研，如学生提一问题而我不能答复，就给学生满分。这个方法获得成功，我就带到北洋，同样受到欢迎，因而听我课的，除了本届学生，还有些上届学生已经学了一遍再来补习的。

---

① 《留美回忆》曾记述具体回国日期应为 1919 年 12 月，1920 年 1 月抵家。
② 即康奈尔大学。

1928年夏，天津陷入战区，北洋大学停课，我回到南京老家。10月间有北洋学生专程来南京访问，劝我回北洋大学任校长，我婉却之。12月初，北平大学区成立，将北洋改称为北平大学第二工学院，校长李石曾来电，约我为院长，学生亦来电表示拥护，我不得已北上。到北平后，学生代表一再敦劝，云我不去则复课无期。天津北洋校友会张务滋、徐绍裕先生等专程来京恳劝，备言学校停课已久，极盼我去收拾局面。我辞不获已，向李石曾声明，前往暂就，仍请另觅继任。于是我于12月26日在天津就北洋院长职。除聘谭真先生为秘书外，其余教职员，除辞职者一概未动。

我何以不愿当院长呢？因为在北洋军阀专政时期，全国混乱，即学校亦动荡不安。我在唐山及东大，饱受派系倾轧之苦，视行政职务为畏途，故就北洋院长职时，即存"五日京兆"之心。

我就职后，目击院内停课多时，百废待举，即动员各方力量，逐步恢复旧观。北洋不但历史久，而且教育新，所聘的教授皆国内外知名之士，历年来教诲不倦，辛勤培植，故功课严格，力争上游，在国内与唐山交大、上海交大齐名。教授中不论本国人或美国人，教务均甚繁重，每星期授课20小时以上，故人数较少。教本采用英文原版，内容完备而有系统，同时亦给学生外语训练。校风淳正，学生大部分都能刻苦勤学，但亦不忘政治。我通过考察，竭力维持各种优良传统，并欢迎学生提意见，能办者即办。天津北洋校友会，关心院务，常有校友来院访问，特别是张务滋、徐绍裕、齐璧亭先生等指教尤多，深得其惠。

1929 年 3 月 31 日晚，院内一座主要建筑的教学大楼，突然起火，因距市区甚远，施救不及，竟致全部被毁。北平大学校部派谢树英先生来院协同调查起火原因，终未查明。

各地北洋校友会，闻火灾消息，莫不震动，纷纷来信慰问，并表示愿为恢复大楼尽力。

我当即收起辞职之念，决心尽我全力，筹募工款，以恢复校舍，重建一更好大楼为己任。不久，南京大学院取消，恢复教育部，本校亦改称"北洋工学院"。这年夏，我往南京教育部接洽筹款，时部长为蒋梦麟，对北洋颇表好感，因校友王宠惠、王正廷等均其旧交，因授意此项恢复经费，可在"中比庚款"（比利时国退还我国的庚子赔款）中设法，因此项"庚款"尚不为多数人所注意。这时黎照寰先生为铁道部次长兼上海交大校长，曾一再向我表示，希望我去交大。适巧他是"中比庚款"董事会的董事，我因往沪求教，他一口应承，表示负责办到，并笑说："我给你十万元，你给我一个院长！"于是我向中比庚款董事会正式提出，请拨十万元，恢复校舍。其时该会负责人为褚民谊（后来当了汉奸），我找他多次，他都表示冷淡，但我盯着他不放，并同董事会其他董事分头接洽，他们散居南京、上海两地，我分头相访，沪宁奔驰，有一段时期每晚都在沪宁火车的卧铺上过夜。最后，果然该董事会通过，补助北洋十万元，恢复校舍。其时又有天津电车公司（比国投资）捐款一万元，估计恢复原来大楼而有余。于是一面交一比国建筑公司设计（此系中比庚款董事会中比国人的要求），一面请几位北洋校友组成保管委员会保管此项建筑专款，免被挪用。保管委员会主任为赵天麟先生。

由于请款成功，校内对我信任益坚，我辞职的话提不出来了，于是安心整顿校务。北洋为国内最老的新式学校，因而也有一些旧的传统习惯需要打破。最妨碍教育进步的为"贷书制"，即将教科书借给学生，于毕业时交还。其时由于学校经费日紧，无力每年购换新书，于是教本日益陈旧。我在南京时，遇到一位方鸣皋先生，他能将原版书不经照相来翻印，成本甚低，我就请他来北洋，主持翻印教科书事，印出的当作讲义，无偿发给学生，于是全校所用的教科书，每年可以全部更新，师生都很满意。

我在沪宁接洽"中比庚款"时，乘便延揽新教授，果然请得科学界老前辈胡敦复先生主讲物理学，卢恩绪先生担任土木工程学。胡先生是清华学校（后来发展为清华大学）创办人之一，在我国科学界负有重望。卢先生是辞谢清华大学工学院长职不就而来北洋的(后来仍去清华任院长)。得到两位名师,院内师生兴高采烈。

在南方时,杭州北洋校友约我去报告院务,他们本来准备发起募款运动,为母校造大楼,因知"中比庚款"成功而作罢。

1930年春,院内忽起风波。多年来,院内教授常有每星期往北京各大学兼课的,愈演愈烈,以致有的教授需在星期日上课,招致学生不满。于是我和这几位教授进行谈判,请他们或在北洋或往北京,不能兼任。他们就一面辞职,一面鼓动学生,说我排斥好教授。受鼓动的学生中有几位认为我当院长是由于他们的"拥戴",而我一年来并不大听他们的话,他们就想"换马",于是鼓动风潮,使我难堪。我本来无意于行政工作,于是一再向教育部辞职,并去南京面陈内情,终于得到同意,另派蔡远泽先生继任。

1932年,李书田先生继蔡先生为院长,约我回北洋任教授,先是兼职,后为专职。我仍担任结构工程课,对教授法又有所改进。

1933年3月间,我接杭州友人来信,约往杭州谈钱塘江桥事,8月间辞北洋教职,在杭州就任桥工处长职。

1941年中国工程师学会在贵阳开年会,举行三十周年纪念会,北洋校友到会的很多,开过一次全天的会,商议复校问题。因北洋在日寇侵入天津以前,迁往西北,并入西北工学院。李书田先生和我商量,在贵州复校,我那时在贵州平越县(今福泉县)任交大唐院院长,因和李去附近的一块地方看校址,可惜未有结果。

1946 年初,因抗日战争胜利,迁往内地的各大学均迁回原址,北洋大学亦迁回天津复校。经过北洋校友的努力,教育部于这年 6 月发表北洋大学筹备委员会委员,约我为委员兼秘书,不久即由委员会推荐,由教育部发表我为北洋大学校长,但我因钱塘江桥在抗战伊始为我方自动炸断,这时我正在杭州负责修复,一时不能到职,由教育部发表教务长金问洙先生为代理校长。

1947 年 9 月,我从南京飞到北平转天津,往北洋探望诸旧友,对他们在抗战中转徙流离之苦,表示慰劳。同时,为了安定校内情绪,想在了解校内情况后,向教育部建议善后办法。我向校内负责同仁,特别是金问洙、李书田、陈荩民诸位先生,陈述我不能就任校长的原因,得到他们的谅解;同时拜访天津校友会各位,答复他们一年来屡次劝我就职的盛意。我回南京后,即向教育部报告此行经过,再次陈请辞校长职,最后得部同意,改派张含英先生继任北洋大学校长。

在回忆当年我和北洋大学的历次关系后,感到非常愧对学校,虽承校内师生对我如此信任,而我为外务所牵,总未能始终其事。假如我从 1927 年起即专心一致,担任校事,锲而不舍,劳怨不辞,直至 1949 年解放,学校总可减少些动荡,不无裨益。所堪庆幸的是:在这些年内,全校师生团结一致,奋发图强,维持了老北洋的声誉于不坠,在今年祝贺八十五周年的校庆时,人人可以自慰:"我们始终贯彻执行了'实事求是'的校训!"

附带谈一件事:在 1930 年左右,北洋教授美国人爱利斯(Ehlers)先生发起组织"斐铎斐荣誉兄弟会"(Fraternity),凡各知名大学毕业生中名列前三名至五名者,得申请为会员。经该会驻在北洋的理事会批准为会员的,可以佩戴金质会章,上镌"φτφ"三个希腊字母,作为荣誉的表示。在抗日战争前,每年都有各著名大学的新会员。自北洋在抗战中西迁后,此兄弟会理事会即无形消失,我自己也把它忘记了。不意 1979 年我率中国科协代表团赴美国做友好访问时,方才知道这个斐铎斐兄弟会的会员,一直在美国进行活动,每年改选会长,当选者以为荣,印在名片上。他们得悉北洋并入了天津大学,斐铎斐兄弟会理事会亦不存在,都为之叹惜不已。

1980 年 4 月

1929 年 3 月天津北洋大学火灾的回忆[①]

　　1927 年夏,我往天津北洋大学任教,1928 年 12 月下旬兼任当时北洋改组的北平大学第二工学院院长,1930 年夏辞职,离开北洋,其时学校改称"北洋工学院"。我任院长时,何杰(现矿业学院副院长)任教务长兼教授,谭真(现交通部副部长)任秘书兼教授,王镂冰(现住北京)任总务长。

　　1929 年 3 月 31 日晚,我在市区内一家剧场,陪孙鸿哲(后来唐山工学院院长,已故)看戏,在座的有王镂冰(当时天津商报负责人),忽然商报馆来人报告,学校内发生了大火,我急忙赶到学校,见一座教学大楼正在焚烧,等到火熄,大楼全部被毁,令人痛心。火起后不久,有天津军事机关来提人,

---

　　① 1929 年北洋大学火灾给茅以升留下深刻印象,事后他陆续写下一系列记录文字回忆当时的情景。

将学生向思赞和程明陛二人带走。过了四五个月，两人都被释放。

这次大楼火灾，是北洋大学历史上的一件大事，值得很好回忆。但事隔四十年之久，而手边又无当时档案资料，完全凭个人记忆所及，追溯既往，其势不可能周详，而且必然有误。所幸的是，今年来常有外单位来人访问，想了解当年某有关人员的情况，我因此听到一些谈话，足以补充回忆。下文中所谓"据说"或"有人说"云云，其来源就是这些谈话。

焚毁的教学大楼是当时学校中的重要建筑，内有各种试验室设备及地质矿物标本，一旦被毁，全校师生，无不痛心，都想查明失火原因，追究责任。于是校内传说了几种可能性，经我和行政负责人员调查研究，认为都不成立。（1）看守大楼的校工失职，让一个燃烧的香烟头蔓延成灾，但这位校工在职多年，素来可靠，而且普通一个烟头，在水泥地面上也不会肇祸。（2）实验室内化学药品，贮放不合规则，在某种自然条件下，自行爆炸起火。但据主管各实验室的教师职工，各自追查，未能发现可疑之点。（3）有人放火，说在火场内发现一个装汽油的罐子，其地位正是原来存放图纸的所在。但是，汽油着火爆炸，装油的瓶罐，早成齑粉，何能独存，所发现的罐子，定非原物。此外也未查到任何其他放火形迹。因此，在学校向当时的领导，北平大学校长的报告文内就说，

"失火原因，未能查明"。后来北平大学校长派来一位委员（似是谢树英，现在冶金部）调查，也未说出起火的原因（以上两个报告文，在学校的档案内，应可查到核对）。就因为这样，在我的记忆中，这次大火的原因是始终不明了的，成为悬案。直至今年，有人向我了解某人历史时，才说起："这次火灾是当时学生中的一个国民党北洋大学区党部负责人，名叫李颂琛的，指使一个校外国民党人来放的。"又有一位来访者说："那天失火的晚上，学生会为了本届毕业同学，在礼堂举行庆祝晚会，表演节目，参加的人很多，在场的还有天津国民党市党部负责人莫子镇，当时有人来报火警，叫人去救，等到妇女小孩散出后，就有人竟然关起大门，不让人出去，说没什么大事。"这第二段话可做第一段话的旁证。提到这个晚会，当时何以我未去参加，而去市区陪朋友看戏，大概是，学生会的人给了我通知而未坚约我去，而我以为晚会不比正式大会，不去无碍，因而就走了（那时我住在校内），岂知灾难就迫在眉睫。

火后捉人的详细经过，我已想不起来，只记得是火后不久（有人说几个钟头，有人说一两天）有天津市一个军事机关（据说是警备司令部）拿了一封公函（大概是说某二人有放火及共产党的嫌疑）来捉去，而决非学校去信，要求他们来捉的，因为起火原因尚未查明。我当时以为，着火时天津治安机关来火场调查,也许发现了什么凭证,特知军事机关来捉人的。同时我也意识到,也许军事机关是根据密告,以捉拿放火的为名而实际是来逮捕共产党人的。过了四五个月,这两位被捕学生都被释放了,其中向思赞回到学校,赶上当年下学期上课,直到毕业。程明陞何处去,我不知道。由此可见,失火事与向、程二人无关,而且他二人也并非共产党员,否则不会在短期内被释放。直到今年有来访者说起,我才知道,向思赞不是党员,而程明陞则是党员。既有党员,可见当时二人被捕,就有这个关系,所谓放火嫌疑,不过是一种借口而已。在这里,校内国民党分子当然是起了重要作用的。据说,捕捉向、程二人时就是由国民党学生何泽春带路的。

学校被火时,天津国民党势力正在发展,校内学生中的国民党分子就组织国民党北洋大学区党部公开活动,首先把持了校内的学生会,其负责人中有(根据我记忆及来访者所述):李颂琛、李善梁、何泽春、毛多松,王之玺等(除王之玺外,他们现在何处,我全不知)。此外有陈捷,我解放后才知他那时是地下党员,后来改名陈志坚(现在铁道部)。他们常来找我谈话,都是用学生会名义,所谈的也不外关于学校教务和行政上的问题。但在大火后,他们中就有人立即对我说,这次火灾是共产党学生造成的。并且据说,当时他们还给了我一张共产党员的名单,其中,包括向思赞。又据说,他们还伙同当时一位教员张务滋（在天津兼做律师）对向思赞等进行过审问。向、陈①二人被捕，他们更是嚣张，竟在校内散布了"共产党人放火"的谰言。我对他们的这种说法，从一开始就不相信，我总问他们有何证据，而他们拿不出来。所以在学校向上级的报告文中说失火原因未能查明，表明我的态度。至于他们国民党分子的其他政治活动，当然不少，但我那时从未加以过问，一因我对政治素不关心，二因当时校内也无专司学生政治活动的行政机构，如同后来抗战期间各大学的训导处，可以了解和控制学生的这种活动。（有人说，国民党分子曾邀我到过他们的区党部，我不记得有这事，如有，也不过是去看看房子，因为那是学校的房屋。）

在这里还可补记一下，他们国民党分子对我个人的态度。1928 年夏学校放暑假，我携眷回南京老家。由于战事波及天津，校内又有派系纠纷，校长刘振华辞职，校务停顿达半年之久。这年 8 月间就有李颂琛来南京教育部请愿，并找我谈话，未能见到（我往济南）。10 月下旬，王之玺与刘润春又来南京，和我见了面，劝我出任校长。12 月初我接北平大学来电，发表我为院长，我即来北京，向该校校长面辞。其时即有李颂琛、李善梁等在京，竭力"劝驾"，表示学生"拥护"，促

---

① 此处是笔误，应为"向、程"。

我就职。我当时感于学校停顿已久,亟待恢复,不得已于12月23日(?)到校就职。从此他们几个人就对我表示"亲善",好像有"拥戴"之功。大火后,他们看我并不是个"听话"的人,就对我逐渐冷淡,到了1930年春,校内发生"风潮",他们更从中操纵,与我为难,提出"驱逐茅以升"的口号,于是我就坚决辞职,离开北洋了。等到1932年春我回北洋教书,他们大半已毕业离校。

学校失火后,天津报纸上常有报导,据说《大公报》上曾发表专栏新闻,标题中有"共产党人放火"字样,登载学生李颂琛、教员美国人司斐理和我的谈话。李的谈话,说共产党人放火等等,美国人的谈话则附和其词。我的谈话,自己忘记了,据说是对放火一事,既不承认,也不否认,而是默认,就是避而不谈。这是符合当时情况的。如承认则非自己观点,而且与学校对上级报告文不合,如否认,则与报纸的意图背驰,不会被登载出来,因而报上只登载了我说的大楼如何宝贵,被毁如何可惜,必须从速恢复,等等的话。后来被捕的向、程二人放回来了,这段宣传报道完全暴露了它造谣污蔑的丑恶面貌。

还据说,在失火后,我曾和教务长何杰,往见天津国民党市党部的负责人莫子镇,报告学校失火情况。我听了感到惊奇。我同国民党机关向无往来,如去过一次这种"市党部"我是终身不忘的。我想这件事是没有的（何杰是否记得，可以调查）。这个说法的可疑之点很多：(1)学校的事如需我向天津地方当局口头报告，这当局，对学校来说，应当是市政府和当时的军事机关，而决非天津的"市党部"。并且大火后，我终日忙于恢复上课（因主要教学大楼被毁），夜以继日，也不会有闲工夫去不必去的"市党部"。(2)如果说，要使天津"国民党市党部"了解情况，那尽可通过学校内的"国民党区党部"去转达，何必要院长与教务长亲自去说。(3)假定院长去了，同去的人何以不是秘书谭真或总务长王镂冰，而是教务长何杰？可见这件事的传说是不可靠的，也许当时报纸上有过这种新闻，而那是那"市党部"的造谣宣传。

又据说，在两位学生被捕后和被放前，天津市法院都曾为此开过庭，并且学校也都有人出庭。这事我也记不得了，可以肯定的是：学校决非以"原告"的资格出庭，而只是以"证人"的资格被邀出席。如是"原告"，这首先就和学校对上级的报告不符，何能自相矛盾，而且后来二人被释放，法院一定要通知学校，说"所告不实"，这个通知，连同学校原告的状子，如果有的话，学校档案中，应可查到。并且如果学校竟然诬告了向、程二人，他们被放后，一定要同学校"算账"，然而没有。可见学校去法庭，不是去充当"原告"的。总之，向、程二人被捕，不久释放，国民党分子的阴谋诡计，未能得逞，这一事实，足以澄清当时有关大火的一切政治问题。

以上材料，仅供参考。

1968 年 8 月 27 日

1948 年中国工程师学会台湾年会概况

　　解放前,中国工程师学会(以下简称"学会")每年举行年会一次,凡本会会员均可自由参加。同时,各专业工程学会,如中国土木工程师学会①、中国机械工程学会等亦在同时同地举行各自的年会,故年会总称为"联合年会"。

　　每届年会地点,由上届年会大会时提出讨论,至准备年会时,由"学会"董事会最后决定。1948 年这次年会所以决定在台湾举行,是由于"学会"的台湾分会所邀请,因抗日战争胜利后,沦陷于日本五十多年之久的台湾得到收复,大批"学会"会员被派往做接收工作,成立了"学会"的台湾分会,为了纪念台湾收复,他们向总会提议,这年年会于 10 月 25 日在台北市举行,由他们做东道主。董事会同意了这个建议,就照

---

　　① 应是"中国土木工程学会"。

例组织了年会筹备委员会,其委员大部分均为台湾分会负责人,分会会长为筹备主任。

这次年会到的人特别多,大约有一千五六百人,因为在台湾的会员极大部分参加,而从大陆去的也很多,带有参观游览性质。会员到台北后,都由台湾分会招待,宿舍、交通免费,伙食自理。我因是 1947 ~ 1948 年年会这一届的会长,故去参加,从开幕到闭幕。

年会前夕,"学会"董事会在台北召开了会议,通过年会筹备委员会提出的年会日程。日程内容大致如下:(1)开幕式,半天;(2)会务报告,半天;(3)宣读论文,分专业小组进行,大约六个半天;(4)参观台北市建设两个半天;(5)会务讨论及闭幕式,半天;(6)年会宴一晚。一共六天。会后分组往台湾各地参观,到了基隆、台中、台南、高雄等地,共三天到一星期。

约请参加开幕式的来宾,有台湾省的官方人士及当地社会名流,其中最大的官是当时台湾省主席魏道明。开幕式的内容是会长致开幕词,魏道明致欢迎词,大意是台湾光复后,亟待建设,请会员们多提意见,等等。因此当时南京《中央日报》报道说,"中国工程师学会台湾年会以讨论台湾建设为中心问题。"年会筹备委员会主任委员致词欢迎,并报告年会日程。接着是到会会员自由发言。会后,全体到会会员和来宾照了一张相。

年会开幕后，台湾报纸登了一段消息说"中国工程师学会台湾年会，顷接总统府来电登记工业人才，以备国用，凡未登记者，可来大会办公处，领取表格"。我对此事记不清了，但知"学会"登记技术人才，由来已久，这次大概是催促之意。报纸又说，在台湾省举行庆祝光复典礼，并阅兵式，有"学会"年会负责人参加，我记得我并未去参加，因为并无在大会上发言的印象。

会务报告会上，由总干事顾毓琇（现在上海）报告"学会"自上次年会（1947年在南京）以来的简要情况。董事会的司选委员会报告新任（1948～1949）会长、副会长、董事等的全体会员通信票选的结果。

宣读论文系学术性活动，由"学会"与各专业工程学会会同举办，分小组进行。"学会"会员论文，由董事会下的论文委员会评定甲乙。这次年会后，《工程》杂志停刊，这些论文都未能发表。

会务讨论会上，除对"学会"事务性问题由会员交换意见外，主要是讨论会员提案，其中有涉及政治问题的。我记得其中有一提案是关于铁路建设如何利用"美援"问题。由于原来的"美援"条件太苛，损害国家主权，会员讨论时，都很愤激，结果一致通过："美援"案内各项工程建设应由中国工程

茅以升全集

⑦

师自己设计、施工并管理，不受美国人干涉。讨论在大会上进行，并未分组。

闭幕式在会务讨论会后，接着举行，很简单，旧会长讲话后，新会长讲话，同时新旧董事交替，年会就此结束，会上无来宾。1948～1949年一届的会长是沈怡（解放前逃亡），副会长是赵祖康（原上海市副市长）。另有九名旧董事让位于新董事。所有"学会"这一届新职员，都于年会闭幕后，接任负责。

年会宴于闭幕式这天晚上，在台北市中山堂举行，有一百几十桌中餐。来宾是魏道明及参加开幕式的一些客人。当时请了谁讲话，我记不清了。

在年会期间，"学会"的台湾分会举办了一个展览会，宣传台湾接收后三年来的各项建设成绩。

以上所述，难免有误，仅供参考。

1948 年母校校庆演讲实录①

诸位先生,诸位同学:

　　承大家于课业纷忙中到站欢迎,至感铭盛。回到一别十五年之母校②,新知旧识相逢,在心绪十分兴奋热烈紧张情形之下,不知说些什么,唯有深谢盛意而已。

　　乍进校门,首先见到壁上贴有"欢迎茅校友返校"等许多标语,在此处本人有点感想:吾同学因受母校培植,至毕业成

---

　　① 1948 年,茅以升因公出差,特到唐山与母校师生见面,在唐院明诚堂发表了讲演。此文系西南交通大学比利时校友静之整理,他说:"从小听茅以升先生之名长大,中学时也学过《中国石拱桥》,心怀敬仰。常闻茅先生不仅学术卓越,更是管理人才,口才亦佳,但一直未见过茅先生之演讲。前几日,偶然看到他回母校的一篇演讲,摘录如下,以致敬意。又及,茅先生发表此演讲时为 1948 年,其时,外祖父尚未毕业,当为听众之一,未想几十年后我又能读到同样的文字,感慨良多。"本文注释为静之整理时所作。

　　② 指 1933 年离唐山校园,1948 年返回,1937 年至 1942 年,茅以升曾任母校校长,但时逢抗战,学校不在唐山。

就,学校之于同学犹如慈母对待子女,既称校友,顾名思义,对母校似应以"校儿"或"校子"。母校的发扬光大,固赖在校当局经营规划及在校同学热诚爱护,而承受母校春风化雨,学业完成之毕业校友,责任更加重大。抗战期间,母校于湘潭平越等处,频经播迁以及胜利后,复员唐山,处处可以看到各地校友对母校维护真诚之伟大功绩,所谓"唐山精神",即在于此。

此次由沪北来,参观平津各大学院校屋舍,多半破乱,设备亦都缺欠,尤其北洋大学,惨遭日寇蹂躏,败坏尤甚,均呈现着清苦状况,因而想到唐院,沦陷最早,损害必巨,清苦景象,自必不堪设想。到校后,孰料房舍完整,设备粗具,唯教授待遇菲薄,颇受物价高涨影响,自然不会如从前那样优越,但同学食宿舒适,此为回到母校以前,所意想不到者,殊令人欣幸无比。设备不够,教员待遇菲薄,难多聘优良者,兼以时局苦闷等等,解决上项问题,似应注意下列几点。

(一)要有自信力。值此国际局面演变微妙,国内政治不展前,无论在校同学与校外校友,应具有坚忍不拔之自信力。自信力之获得,唯有信心,如信心确立,必须理智清晰、临事不苟,本此,冀望学校繁荣和同学个人的进展,诚能意志弥坚,刻苦不渝,任何苦难不难迎刃而解。我们抗战,武器装备,人才技术,远不及人,这是大家公认的,唯有自信,持久战略,终必获胜。

至此将本人考入母校故事略向大家叙述。本人未考前,闻北方唐院成绩优良,为吾国唯一工程学府,所以决心来考,既考入校,因为入学考试成绩不甚理想,到校后被分在预科①,住东新宿舍,看到每日课本,都已学过,毫无兴趣,自忖此次投考,非常失望,故致函家中,意在离开此校,家母获悉,立即回信,严行斥责,定要我在校读书,倘成绩不够,或不毕业,就不必回家。经此刺激,甚为感动,遂树发愤力学信念,专心致志,结果成绩不坏。此事虽然平淡无奇,但凭以往事实经验,自信力坚强与否,关系个人社会及国家的前途,愿与诸同学共勉。

(二)安定的因素。学校既为吾人求知场所,学校安定与否,直接影响个人前途事业及社会国家治安,至关重大。平津等地校友,对母校复员后,关怀弥切,现有之经济困难苦闷情形,咸愿积极努力复制,期望解决,以为在校同学应认真读书,孜孜向学,务使学校稳定发展,同时充实自己,各地校友应协助负责筹措经费、购置设备责任,里外一致,互相团结,定能达成以上任务,此母校独具传统的"唐山精神",在七七事变前,已有表现,因当时伪冀东政府所辖二十二县早已沦

---

① 预科一年后,考试合格方能升上本科。

陷,独吾唐院高悬青天白日旗,坚毅不屈,寸土未失,时人为之担忧,而孙前院长,则若无事然,至此不禁对孙前院长深表敬意。

至于母校隶属问题①,此闻予略解释,仍不能归返交通部。因为现行教育制度关系,如离开教育部同学毕业,就得不到学士学位,虽系如此,我们将极力向交通部请求协助,俾将经费支绌、设备不够诸问题使之解决,希望大家安心读书,造成安定的因素。

(三)合作精神。局势不靖,精神苦恼,不论内地华北以及东北九省咸有同感,此为全国性的一个问题,在国事不改观前,唐山地域重要,环境较劣,自未易消除烦闷,想内迁不见得愉快②,但母校因有悠久历史,卓越成绩,尤以同学校友具有继往开来之合作精神,相信无论政局如何变幻,必能达成求解目的,事实表现,已如上述。

总之,在此过渡期间,关于政治问题,深望在校同学于求学宝贵光阴中,不要亲身参与,应该精研学术,设某同学对政

---

① 抗战结束后,交通大学及唐山工学院均转隶教育部,其经费较属铁道、交通部时大大减少,因此交大沪校发起"回部运动",要求回归交通部,唐山学院亦响应。

② 时唐院虽地处北方,但教授、学生绝大多数为南方人,因恐国共呈南北分治,故想南迁,此处看,茅以升大体持反对意见;但最终唐院还是于1948年底,唐山解放前,举院南迁,恐是唐院后来被肢解的一个伏笔。

治问题,倘有兴趣时,在不妨碍课程原则下,亦可从事研究,切不可参加实际活动,因为工程学术奥妙精湛,繁如浩海,纵令专心致志,亦恐难达预期目的,获优良成绩,否则,如过问政治,纷争追逐,既无暇顾及课程,势必影响学业。"国家兴亡,匹夫有责",本人绝非告同学藐视政治,因为学成离开学校,参政机会既多,学有专长,亦能应付裕如也,此点还望诸同学要特别注意,今略备些言,是否合理,尚希曲谅,最后敬祝诸位健康。

原载 1948 年《唐院》第 1 期

1949 上海解放中的两三事

1938 年长沙大火的所谓焦土抗战，事虽丑恶，余悸犹存。不料 1949 年上海解放时竟然会有再次遭劫的危险。

1949 年我在上海任职，家住上海。5 月 2 日清晨有报，忽然见有"上海市长吴国桢辞职，由陈良继任，茅以升为上海市政府秘书长"，读后大为诧异，因我和陈良并不相识，正犹疑间，有人来访，原来是我在美国时的同学，名李佩娣，现为陈良夫人。交谈后方知，秘书长是她一手造成的。我怪她为何不事前和我商量，她说，你如知道，就会事先逃走了。她见我不为种种劝告所动，就回市政府换陈良来看我，又把李佩娣说的话重复一遍，我仍不为所动，他只好回去，我怕他们再来我家，我就迁往中美医院（同济大学附近）暂避。

这时我经张孟闻同志介绍已经参加了一个进步组织"中国科学工作者协会"了，不日就去参加会议，遇到吴觉农同志、张孟闻同志七八人。吴觉农同志对我说："关于你的上海秘书长问题，上海地下党的意见，希望你去就职，以后解放时里应外合。"我说，这类工作事关重大恐怕难以胜任，但如有其他力所能及的事则义不容辞。吴觉农即提出两件事，都是地下党着他转给我的：一是在上海解放时保护上海工业不受破坏；二是对扣押的学生300人，在解放中确保安全。我即在会上当众声明，接受此两项任务。我所以敢于接受此两项工作的原因是：我有把握去说服李佩娣。

这几天陈良每天派人来医院劝我就职，但李佩娣在旁并不做声，我知我的任务有希望完成了。

我对李佩娣说："当初我们在美国留学时，不是痛恨军阀，要求民主吗，现在上海面临解放了，正是我们报国之时。"她听了很是感动，我因劝她去说服陈良，勿为民族罪人。她慨然接受我的建议，准备去动员陈良。

在这以前，中国工程师学会董事会曾派董事五人（侯德榜、赵祖康，恽震，顾毓琇，茅以升）往南京求见李宗仁（时为代理总统），请勿在战中破坏工业。

陈良来医院对我说，李佩娣已将我的全部谈话转告了他，并取出何应钦将军（陆军部长）来电给我看，通电各地军队勿破坏工业。陈良说上海驻军比较复杂，但都由警备司令汤恩伯指挥。接着陈良劝我就上海市府秘书长职，维护他的面子,我仍未答应。

这时解放上海的战争日益临近,人心惶惶,日夜紧张。

忽然一天(5月20日)清晨,李佩娣给我来电话说今晚上海各国领事团联名约请上海市长见到任上海的八国领事,餐后领事团团长发言后,由上海市长及秘书长发言,接受领事团照会,承担责任保护在上海的各国工商业,当时陈良将照会收下,退席,我就做了18分钟的秘书长,后来知道这出戏是李佩娣安排的。次日,陈良拿着上海八国领事来文及上海市政府复文来见汤恩伯,请他在复文上签字,正式表示保护上海外国工商业,于是一场风波化为乌有,其关键在利用汤恩伯惧怕外国人的心理。

5月26日上海解放,全市工商业无一受损。由于陈良的保护,龙华的300学生也安然出狱。我所担任的两项任务胜利完成。

1949上海解放中的两三事

解放前夕钱塘江桥被炸情况

 杭州钱塘江桥于 1937 年 9 月建成通车,负责机关钱塘江桥工程处于 1934 年 4 月成立,1937 年 11 月撤退至后方,1946 年 9 月复业,1949 年 6 月杭州解放后,为上海铁路局接收,我任该处处长,前后达十五年之久。

 1949 年 5 月 2 日,我因避免国民党反动派威逼,托病住入上海同济大学附属医院①,至 5 月 25 日上海解放才出院。这时浙赣铁路局长侯家源与我住同一医院,在上海解放前几天,侯家源告我,他接到浙赣铁路副局长金庆章自杭州来电话,要他转告我,浙江省主席周岩下令,于撤退时,破坏钱塘江桥,要我去找汤恩伯②,转知周岩,收回乱命。我得知此事,急往找汤恩伯,但未见到,由他一个参谋长代见,说一定转达

---

① 即中美医院,因归属同济大学医学院,故文中如此称。
② 汤恩伯,时任南京政府京沪杭警备总司令。

给汤，电杭阻止，教我放心。我返医院后，日夜悬念此事，上海解放，我急忙去杭州探视，询问桥工处人员，方知在杭州解放前夕，仍然有浙江伪军在桥上爆炸了一个小炸弹，对桥损伤不大，就在十几小时内修复，并未影响通车。我又听说，在炸桥时，有人对执行炸桥任务的士兵做了工作，因而炸时，只是敷衍了事，未肇大祸。

1972 年 1 月 15 日

解放前夕钱塘江桥被炸情况

在中国档案学会成立大会
开幕式上的讲话

各位代表、各位同志：

今天中国档案学会成立大会暨第一次档案学术讨论会开幕，首先让我代表中国科协表示热烈的祝贺！

档案这个工作，由来已久，上古时期的铜器铭文、甲骨文及木片、竹简等所载文字，皆可形成历史档案。历史上所谓"自有文字以来的记载"，即指档案。我国五千年历史，全靠有档案，而流传至今。不但政治上历代兴亡、社会变迁等都靠有档案记载来取信，而且文化、科学技术、艺术等的传说，有很多也是靠档案来证明的。比如日食及地震，我国记载最早，即是靠档案，为我国古代科学争了光。可以说，一个国家的文化进步、科学发展，都是靠有档案记载为基础，通过研究而逐步上升的。

档案又是个专门名词而不通俗，特别是"档案学"更是新名词,一般报章杂志上都不多见,就像一些科学技术的新名词一样。其实,社会上通行的"科技资料"这个名词中,很多即是档案。然而,档案又有别于图书或情报,所谓图书馆、情报所等,并不同于档案馆。如何明确区分这几种机构,各种资料怎样才成为档案,这就有待于学术讨论了。我的粗浅看法是:

(1)由政府或合法组织编辑的有历史价值的记录,所谓"官文书"者为档案,收集分类库藏,谓之"归档",私人编著则不是。

(2)不论集体或个人的著作有长期参考价值的资料,即是档案;只有短期参考价值的档案为资料。这当然够不上所谓"定义",但似乎不失为一个划分的界限。

档案的作用对于四个现代化中的物质文明及精神文明,有极大影响。前不久,国家档案局曾通报过的钱塘江桥搞的钻探资料,曾对杭州市的一项工程,起过作用,节省了不少基建费。这资料是四十年前完成的。很显然,这个钻探资料很好地起了档案的作用。同样,其他基建工程的技术资料,也会有同样的功用,亦即档案的功用,需要加以重视。现在全国有40万个档案工作单位,这个事业如此发展值得庆贺。

有许多档案是经过地下发掘而发现的。解放后建国不久,我人民政府即颁布法令,规定古迹、珍贵文物图书和稀有生物保护办法。三十二年来,我国出土文物的数量之多,价值之高,都非常惊人。在这许多埋葬的文物中,有时也发现类如档案的资料,如上述铜器铭文、竹简等甚或有各种纸本文稿等。这种发现的文物,有时可为官文书佐证,成为实物档案,可供展览。因此,各地档案机构应与当地文物管理部门,经常联系。

再有一问题,即是档案的现代化。首先是用新技术保护旧档案的形式与内容,不使腐朽。其次是研究检索程序,以节省时间。再其次是用最新方法复印,以资流通。至于如何整理及编纂、出版等等皆属学术讨论范围,在这次档案学术讨论会上定会有丰富成果。

我国的档案工作虽经领导及干部的多年辛勤努力,有了很大发展,但还远远跟不上全国需要。在这次全国性档案学会成立后,有了学术交流、工作联系的中心,希望全国各有关部门都会特别重视这门档案学及档案工作,并予以大力支持。我预祝我们的档案学会在党的领导下,今后会有全面发展。档案学会日益繁荣,对四化建设一定可以做出愈来愈多的贡献,取得日益重要的胜利!

1981 年 11 月 23 日

中央人民广播电台·科技阵线讲话

《中共中央关于召开全国大会的通知》中指出："四个现代化的关键是科学技术现代化。我们必须建设世界第一流的科学技术队伍,拥有最先进的科学实验手段,在理论上有重大创造,技术上有重大发明,在科学技术的主要领域接近、赶上和超过世界先进水平,促使我国国民经济进入世界的前列。"学习《通知》,深深体会到,要加速实现科学技术现代化,赶超世界科学技术先进水平,必须努力建设一支世界第一流的科学技术队伍,使我国社会主义的科学事业后继有人。

我今年 81 岁了,在旧社会生活了大半辈子。1920 年,我怀着"科学救国"的思想,从国外回到祖国。满以为有了科学技术,就可以把自己学到的东西贡献出来,使贫穷落后、任人践踏的祖国能够强盛起来。但是,在国民党反动统治下,"科学救国"的思想是不可能实现的幻想。

解放了，新中国成立了。伟大领袖毛主席对我们科学技术工作者十分关怀。记得在1949年9月，我应邀参加第一届全国政协会议，在怀仁堂第一次幸福地受到毛主席的接见。毛主席含笑同科技界的代表一一握手，并且亲切地对我们说，你们都是科学界的知识分子，知识分子很重要，我们要建国，没有知识分子是不行的。在这以后的二十多年时间里，毛主席又接见了我11次。毛主席的每一次亲切接见，都使我激动万分。我深深地感到，只有在毛主席、共产党的领导下，只有在社会主义条件下，科学技术工作者才真正得到了应有的尊重，才有用武之地。解放二十八年来，我国科学技术事业得到了很大的发展，取得了很大的成绩，专业科学技术队伍的人数比旧中国增加了上百倍。我是指桥梁工程的。回想解放前，在桥梁建造方面，国民党反动派根本不相信自己的工程技术人员。当时建造了一些比较大的桥梁，当中绝大多数都是由帝国主义承包修造的。解放后，我们在长江上就修建了四座大桥，黄河上修建了二十几座大桥，使天堑变通途。这在旧中国是不可想象的。在铁路建设方面，也是一样。解放前，全国只有两万多公里的支离破碎的铁路线。即使这一点点的铁路线，也大多是由外国人修建的。解放后，我们在过去没有铁路线的西南一带、新疆等地方，都修起了铁路。

二十八年来，我国的专业科技人员虽然比旧中国增加了上百倍，但是，和我们八亿人口这样一个大国相比是很不相称的。因此，扩大和健全科技队伍，是加速实现科学技术现代化的头等大事。培养科学技术人才，我们老一辈的科技人员负有直接而光荣的责任。

我决心在党中央的领导下，为实现《通知》中提出的各项战斗任务，在我的有生之年做出最大的贡献。我国的科学事业必将出现兴旺发达、捷报频传、人才辈出的崭新局面。毛主席、周总理为我们规划的四个现代化的宏伟目标，一定要实现！

1977 年 10 月 26 日

为修缮永通桥做的讲话①

同志们：

　　永通桥,最近我去看过一下。很可惜,这座桥上面通车都不安全了。现在,赵县文物修缮委员会要修理永通桥,我们大家都是非常支持的。今天能开这个会,讨论如何修缮,是很重要的。赵县各位同志来一下,报告情况,大家都是很高兴的。

　　永通桥眼看就可以完全修理好了。修理好了,就是表扬中国古代的文化。永通桥和安济桥是兄弟嘛,是姐妹嘛,一个很好,一个很差。我们现在就是应该把差的修理好,把永通桥修理好。现在,请各位对修理方案提提意见。我个人对修理指导不够。我相信,通过各位共同努力,修缮一定是会

---

　　① 本文是根据录音和会议记录整理的。

成功的,是没有问题的。问题是要加快,要如期完成。这一点,是我对大家的希望。就是说,今后的工作,要按照计划一步一步地走,不要耽误下去,能够使永通桥早日通车。这是大家的心理,也是我个人的意见。

我们预祝修理工作一路顺利地进行,能够早日看到修理完美的永通桥。

谢谢大家。

1984 年 11 月 16 日

跃进中的铁道科学研究工作

1958 年,铁道科学研究工作得到了空前的大发展。铁道运输业务中出现了惊人数量的科学技术上的创造发明。整个铁道系统中,科学研究工作遍地开花,铁路上出现了不少完全由自己制造的世界最先进的运输技术装备和自己修建的高度技术的复杂艰巨工程。

在去年十一献礼的展览会上,铁道科学技术成就有六千多件。其中称得起铁路尖端技术的就有四百多件。这些献礼项目,是从群众提出的五百多万件的创造发明和合理化建议中选择出来的。这些展品绝大部分是铁道生产现场各单位的贡献,其中极大多数都是为了解决生产中的迫切问题而提出的,但是也有不少是属于高度科学水平及铁路尖端技术性质的。由此可见,科学研究工作在铁路生产现场已经开始出现万马奔腾的局面。这在铁道科学研究的历史上是个意义极其重大的转折点。从此，研究工作走上了群众路线的社会主义新道路。聂荣臻副总理在中国科协成立大会上指出，我国科学技术工作发展的道路有四个方面（见《红旗》杂志第9期），其中之一就是群众路线。这在铁道部门130万职工中，已经开始身体力行了。指示中所提出的两个"并举"，三个"结合"，正是铁道科学研究所遵循的新方向。现在，铁路各生产单位正在纷纷设立研究所。铁道运输和建设工作中，广泛开展了科学普及运动。机车车辆修理厂成为制造厂，各工段办起700个生产钢铁、水泥、砖瓦等建筑材料的小工厂。机械化、自动化运动风起云涌，铁道技术面貌日新月异。今天如此，将来铁道事业成百倍地发展，群众运动对科学研究的作用必将日益重要，而在科学研究成就上，生产现场的比重也必将愈来愈大了。

在研究工作中，全面规划是非常必要的。铁道科学规划是全国科学规划中的一部分。我们不仅应当在铁道系统中把研究专业机构和各高等学校及生产单位的研究工作组成一个全国性的铁道科学工作网。应当在国家科学技术委员会的领导下，配合全国各有关方面，把铁道科学工作网组织到全国性的科学工作网里去。铁道科学研究院在铁道科学工作网中，应当像中国科学院在全国科学工作网中担负的任务一样，担负起它应承担的任务。过去，人们把科学院说成是科学工作中的火车头。其实，这个火车头应当是党，科学院还只是一个"带行李"的车辆，不过这个车辆有特殊的设备和服务员而已。铁道科学研究院应当是一个更小型的特殊车辆，它也不同于一般铁路上的"车辆"。铁道科学专业研究机构的任务，应向三个方面发展：一是尖端科学技术；二是重大的、普遍的、关键性的技术；三是有关基本理论的研究。这是"三抓"。而铁路生产现场的主要研究工作，则应当解决当地、当前的急迫技术问题。这是"两当"。所有"三抓""两当"的任务，都要包括对现场群众创造的总结、提高和对新技术在现场的推广普及。当然，所谓"三抓""两当"并非绝对的，而只是主要方向的分工。

在这里，值得注意的是，铁路先行官的任务急如星火，各种研究工作由于密切结合生产，也必然是十分紧张的。探索性的研究工作，虽对目前生产还无直接关系，但一旦实验成功，就可能根本改变生产条件，达到更加多快好省的目的。这种工作，在专业研究机构中，还是不能缺少的。近期、远期的需要都应在研究工作中很好地结合起来。

聂副总理在指示中提出，科学研究要从社会主义建设任务出发，这是发展科学新道路的又一方面。他说，要"用任务来带动科学研究"。这就是说，以任务为纲，把一切有关的学科为目，纲举而目张，各学科的研究就跟着被带动起来。科学上的学科系统是有其重要性的,通过一个学科系统,就可解决生产中相关的一系列问题。举一反三,事半功倍,应当予以重视。但是,这是要在生产实践中验证出来的。脱离生产而孤独地搞学科研究,是对学科系统的糟蹋。同时,任何生产问题中的科学研究,都要综合起所有相关的学科。因而对生产任务有密切关系的学科,就更易普及和提高。任务既是压力,又是动力,这是生产推动科学的必然性。因此,"任务带学科"的研究方法,不仅目标明确,可鼓干劲,可以组织各方面的协作,而且也是发展科学的一个重要手段。在铁道科学研究中,主要任务是要能协同各方面,保证日益增长的运输任务的完成。铁道运输的奋斗目标,可总括为多拉、快跑、好交(交出原来质量)和省力(人力、物力、财力),而这四件事更可总结为一个要求,就是安全的高速度。因为一切工作的速度,如果都能在保证安全的条件下提高,所有对运输的要求就不难满足了。如果能把现在火车的速度翻一番,我国的铁道运输就会根本改观,而我国的铁道科学也就跟着赶上或超过世界先进水平。可以说,这不是遥远的事,甚至在今年国庆献礼时,有的地区就可能抢先做到。因此,这个安全的高速度的任务要求,对铁道科学研究的全部规划来说,就是任务中的任务,纲中之纲,更是带动科学研究的最巨大的动力。不但机车车辆需要最快最新的形式,而且线路、桥梁、行车信号、运输组织等等一切有关方面,都要随着改造。

以上这些想法,就属于解放思想,破除迷信的要求了。这是聂副总理指示的新道路的另一个方面,也是极重要的一个方面。毫无疑问,党中央的这个敢想、敢说、敢干的伟大号召,用共产主义精神建设社会主义,对科学研究来说,是无比重要的推动力量。铁道科学研究院所以能在一年内做出超过八年的成绩,就是一个例证。我国铁路技术设备,由于历史关系,比较复杂混乱。在提高行车速度进行技术改造时,问题是很多的。只有在这个新时代的新精神基础上,才能自力更生,独立解决我们自己的问题。

聂副总理指示中所提出的发展科学新道路的四个方面是:(一)解放思想,破除迷信;(二)从社会主义建设任务出发;(三)全面规划;(四)群众路线。这四个方面是互相联系、彼此促进的。铁道科学研究工作正是在这四方面努力,遵循着这条新道路前进,因此,在1958年就取得了不少成绩。今后随着经验的增长,必然会取得更大的成绩。我们要苦战三年,基本改变铁道科学研究的面貌。而在1959年的这个具有关键性的一年,更要做出空前巨大的成绩,向党献礼,向建国十周年献礼。

原载1959年1月1日《人民日报》

全国铁道科学工作会议上的总结报告

各位代表、各位来宾：

经历了八天的全国铁道科学工作会议。现在就要闭幕了。在闭幕之前，大会主席团委托我来谈一谈对于这个会议的估计和对某些重要的问题作一些说明。

首先，我们应该承认，这次会议是成功的。这是因为，这次会议不仅是检阅了我们铁道系统内的科学技术力量，而且更为主要的是通过这次会议，明确了我们铁道系统向科学进军的方向，对我们的远景规划提出了许多有益的意见，可以作为我们进一步修改规划的依据。

在这次会议上，我们还听到了中国科学院技术科学部严济慈主任的重要发言，使我们有机会了解到全国向科学进军的规划和部署。特别荣幸的是，以苏联运输建筑工程部波依更文副部长为首的苏联铁道科学代表团不远千里从莫斯科到北京来参加我们的会议,给我们的规划提出了许多极其宝贵的意见,为我们做了许多精湛的学术报告,丰富了大会的内容。此外,我们还有许多苏联专家参加了会议,其中鞍钢的苏联专家柯洛格里渥夫同志还给我们做了学术报告。

会议的另一个特点是,贯彻了党中央"百家争鸣"的方针,开得比较生动活泼,无论是大会或是分组讨论上发言都十分热烈,差不多没有一个人不发言的。即使由于时间的关系,来不及在大会发言,代表们也都积极地用书面提出了自己的意见。

这就是说这次会议不仅开拓了我们全体到会人员的眼界,增长了见识,而且也使我们领导同志听到了许多平时不容易听到的意见。

在这次会议上,我们收到 316 篇论文和技术总结,其中有许多内容丰富的经验总结和创造性的见解,由于时间有限,在大会和分组会上仅仅宣读了 61 篇;我们还收到了一百多件陈列品,这里面也有许多是我们创造性劳动的优秀成果。这些都说明我们全路在科学技术工作方面是有一定的力量和成就的。因此,更好地组织起来,我们在一定时期内,使我国铁道科学技术最主要、最急需的科学部门赶上或接近世界先进水平,是完全可能的。

这次会议,着重讨论 1956~1967 年铁道科学技术发展远景规划纲要草案。经过了全体代表的热烈讨论以后，大家认为纲要草案所提出的方向和原则，基本上是正确的，可以作为我们全路员工向铁道科学进军遵循的一个方向。但是在如何组织全路的力量的具体问题上，是有很多考虑不够的地方，特别是在关于 1957 年的工作计划，更暴露了一些缺点。

在纲要草案中曾经提出，新技术的采用和发展，是加强铁路运输和新线建设的根本办法。在这次会议的讨论中，关于采用和发展新技术这一方面是更明确了。

社会主义制度的优越性，是大家知道的。社会主义的社会制度生产关系与生产力是相适应的，生产力可以无束缚地向前发展，但是生产关系的变革，只是解放了生产力，给生产力的发展创造最有利的条件，但还不是发展生产力本身。诚然，生产关系变革后，劳动者在自觉的基础上发挥劳动的积极性和创造性，对生产力有一定程度的提高，但终究是有限度的。要使生产力有更大发展，就必须借助于生产技术的变革和更新。因此，当我们已经有了优越的社会主义制度，我们国营企业已是公有制的生产关系的时候，要使更大地发展和提高生产力，采用新技术就成为十分迫切的任务。在高度技术基础上使生产不断增长和不断完善，这是社会主义生产的一个重要原则。

今天世界各国的铁道事业正处在技术改造的高潮中。

铁路电气化和内燃机车的采用改变了牵引动力的方式,相应的出现高速新型车辆和线路设备的极大改善;半导体、电子计算技术、微波无接点继电器等新技术的发展,高度促进了铁道信号系统和通信系统的自动化、集中化和远控化;新建铁路中航测和地球物理地质勘测的采用的尝试以及铁路建筑工业化的发展,将大大缩短建筑期限和提高建筑质量。这些新技术,我们或者根本没有或者有一点,都是很少。我们铁路的技术设备,不但远远落后于工业先进国家,甚至也不及某些工业还是落后的国家。来中国访问的印度朋友、日本朋友向我们说,你们的运输管理和发挥现有设备的效用,例如车辆周转时间的缩短、牵引重量的提高等等,是值得钦佩的,但是技术设备的状况不能引起我们的兴趣。这是值得我们十分注意的。

当然,采用和发展新技术必须要结合我国的资源状况和工业水平。因此,一方面当我们掌握世界铁路已有的新技术成就时,必须结合我国情况选择和分析,运用到我国铁路上。另一方面,还必须有步骤地、有计划地进行,某些东西,我们掌握了,就可以推广运用;某些东西,我们掌握了,应该重点试验或重点示范。很快广泛运用的新技术,限于条件,马上不会很多,但重点试验和重点示范的新技术,应该想尽一切办法弄来,越多越好。因为这种办法,对于我们科学技术的研究和试验，干部的培养，职工新技术的训练，都具有巨大意义。有了这些重点试验和重点示范，对于进一步推广运用新技术，就创造了极为有利的条件。

但是必须指出，当我们十分强调采用和发展新技术的必要性和迫切性时，丝毫没有放弃对现有技术的充分利用。在纲要中我们提出从技术管理、技术作业和现有管理的技术改造上不断提高和改善，包括蒸汽机车的现代化，维修过程采用新的工艺等等。这就是说采用新技术要和现有设备的充分利用结合起来，任何片面的孤立的想法和做法，都是有害的。"注意技术理论，同时必须注意技术运用"这个意见是正确的。因为虽然有最好的、最新的技术设备，如果运用不好，将会达不到预期效果，纲要中提得不够，应予充实。

现在谈一下研究工作的体制和分工问题。

在代表们的发言中，对于规划纲要中所提出的分工原则，并没有什么不同的看法，但对于长远规划的任务说明书与中心问题说明书中有 1957 年计划中的具体措施，则提出了许多宝贵的意见，应当吸取修正。

应该指出，向科学进军，是我们每个铁道科学技术人员的责任与权利。在大家发言中，都充分说明了这一点。同时许多同志，也指出了向科学进军应当就各个不同岗位根据他们的业务范围、工作进度、本身力量来提高不同的任务，以便把铁路系统的全部力量发动与联系起来。

在代表们的发言中也一致认为向科学进取，必须要有一个专门的科学研究机构来进行长期的、重大的、综合性的技术科学问题的研究。这个机构，在我们铁道系统来说，就是铁道科学研究院。尽管目前铁道科学研究院的力量还很薄弱，但是大家都认为应当关心它，帮助它，使它能够迅速成长起来。这对我们向科学进军是有好处的。

高等学校，担负着培养干部的艰巨任务，为了提高教学质量，就需要从理论上来钻研，用实际工作来验证。铁道学院和其他有关铁道的高等学校，有很大数量的题目，他们用一定时间来进行研究工作，力量是很不小的。因此根据不同的教学任务与力量来安排一定的课题，并完成科研的任务，是可能而且也是必要的。同时中等技术学校的教师也应结合他们的教学与力量来进行一部分研究工作。

铁路业务部门与规划单位，特点是设计系统是有很大的科学技术力量的。由于他们人员所从事的生产工作，特别某些部门工作硬性较大，若完全依靠他们来进行，也会使科研工作受到一定限制。但是，另一方面，由于生产的需要，他们必须对现实的技术问题进行科学的研究（武汉大桥工程对于桥墩的施工的经验以及这次大会所收到的现场观察的研究报告等，很能说明了这一点），而且，某些研究工作还必须要在现场进行(例如大桥墩)。因此,确定他们的工作性质,分别加以组织,给予一定的条件,结合他们的生产任务,是可以进行许多的研究工作。

铁道兵在新线建设上是我们的兄弟部队,以往他们结合着自己的任务进行了一些研究,在今后向铁道科学进军的途程中,我们仍将并肩作战、携手前进。

因此在我们规划的方向明确以后,必须很好地组织起来,做到明确分工,密切联系,使各方面都可以在科学进军中,各尽所能,发挥其应有的作用。

在铁道科学研究院方面,既然是一个专责研究机构,应当首先根据需要与可能,充实和建立必需的组织机构,设置必要的研究部门,使它逐渐发展成一个研究的中心,并在工作上明确与铁道学院、其他有关铁路的高等院校及与现场单位的分工合作关系。铁道科学研究院与北京、唐山两铁道学院,以往曾经合作过不少研究专题,进一步合作,在于根据以往经验,积极扩大合作范围以及与其他有关铁路的高等学校开始建立分工合作的关系。在与现场单位的工作关系上,如果现场单位的研究力量很好地得到发挥以后,不但使他们能够自行解决在生产中存在的大部分问题,而且使得铁道科学研究院能够用更多力量来真正解决长期的、重大的、综合性的问题。自然,现场限于现有的设备条件而必须提到研究院来解决的问题,研究院还是应该接受或到现场单位共同来解决它。至于现场研究单位的设置与研究题目的选择,必须根据它们工作的性质与结合本身情况来进行,与本身业务脱钩的研究工作是不会而且也不可能收到效果的,因此他们在研究好课题设置步骤的基础上,通过本单位的主管部门取得联系,是十分必要的。

某些综合性的研究专题的范围较广、部门较多时,应当组织专门小组,这样在安排与协调研究工作上有很大的好处。

铁道学院与其他有关铁路的高等学校及现场单位在进行研究所必需的设备、经费、图书资料等方面,必须根据需要予以补充。

必须指出,铁道是一个综合性的企业,包括范围非常广泛,有许多科学问题是与部外院校的课题共同决定的。这样必须与部外业务单位与中国科学院的有关研究所,密切联系、分工合作。

苏联铁道科学代表团在大会期间,就在管理方面提出了许多宝贵意见外,还将通过他们,使得中苏两国在铁路科学技术的合作更加具体化。在规划中,国际合作方面的许多具体措施将会在与代表团的详细讨论以后,得到修正与充实。

国际方面的技术合作,目前还是一个开始,我们将在这

茅以升全集 ⑦

个基础上进一步扩大与苏联及各人民民主国家铁道科学研究部门的合作,也将要与其他国家的铁道科学团体和科学家进行学术交流和合作。

根据大会各方面所提供的许多宝贵意见,我们考虑对于几项工作作如下的安排。

(一)1956～1967 年铁道科学技术发展远景规划纲要(草案)的修改问题。从几天来在大会同各分组会上的发言看来,大家一致认为我们铁道科学研究的方向是明确的。采用和发展新技术是我们的方向。应该说明我们旧有技术装备的改造和向新技术过渡的一切努力都是和采用发展新技术相结合的。因此,为了调动全路一切的科学技术力量向这共同的方向努力奋斗,我们认为有必要将这个规划纲要连同大会各方面的意见转交现场更广泛地征求意见、统一认识。然后将这些意见汇总起来,同最近在全国科学规划委员会进行讨论的全国科学规划的定稿结合起来,进一步审慎地对我们的规划纲要进行修改,经过铁道部的批准,作为今后十二年全路员工向科学进军的行动纲领。各地的意见的收集整理应由各单位负责在今年 10 月底以前报送铁道部(技术局)。

(二)1957 年铁道科学研究工作计划(草案)的修改问题。代表们提出 1957 年计划应着重考虑、认真修订的意见,我们认为是完全必要的。1957 年的研究工作计划是我们十二年科学规划付诸实施的第一步。它不仅关系到 1957 年研究工作的成果,更重要的是它是否实事求是地动员了全路一切可能动员的力量向科学堡垒发动了有效的进攻。因此我们不仅要注意研究长远的问题,也要注意在现场生产迫待解决的问题;不仅要充实专职研究机构,也要适当地建立研究据点,逐渐形成一个科学研究网,以便我们从一开始便没有浪费我们有限的力量和时间,而为顺利地实现十二年远景规划创造有利条件。

令人兴奋的是,有很多的代表提出他们的单位有力量担负一部分研究工作。对于这些单位,我们应当充分地发挥他们的积极性,很好地组织到我们的科学研究工作计划中来。

我们的具体意见是,各单位应当根据这次大会所确定的方向,本单位的工作性质、业务范围的特点,科学技术人员的专长,通过广泛深入的讨论,认真地制定 1957 年的研究工作计划,提出措施和要求,按照行政系统,逐层上报并综合地加以平衡。最后由各管理局,各业务主管局,各铁道学院及有关院校,铁道科学研究院报告铁道部总的平衡,批准执行。各单位的计划在月底以前能报到部里来(技术局)。

(三)科学技术情报工作的建立。很多同志提出了科学技术情报工作的建立是当前迫不及待的首要工作,我们完全同意这种意见。根据苏联经验,这一工作除了建立目录和卡片以外,主要的是从世界各国的科学技术刊物中缩写各专业的文摘,印刷出版,广泛传播,这些编写和翻译工作是由全国专家按照他们的专业和外文修养分工进行的,这是一个细致繁重的组织工作。因此我们要求,一方面,铁道科学研究院立即行动起来,先展开工作,同时积极筹建机构,另一方面,希望各位专家给以大力的支持,使这一工作建立在可靠的基础上,为广大的铁路科学技术人员提供必要的资料,加速铁道科学研究工作的开展。

同志们,我们在几天会议中完成了一件极其重要的工作,但必须认识到,这一工作的完成,正是一个比这个工作不知繁重多少倍的工作的开始。在这一工作的进程中必然会遇到许多的困难与重重的障碍,但是在我们组织起来的科学技术力量的面前,是没有克服不了的困难与扫除不了的障碍的。同志们,让我们高举着向铁道科学进军的旗帜奋勇前进!

1956 年 8 月 29 日

铁道部科学研究院三十年①

铁道部科学研究院成立三十周年了。回顾过去，正反两个方面都有不少值得记取的经验；展望未来，我们满怀信心地跨入大有作为的 80 年代，将为铁路现代化事业做出贡献。

回顾三十年的发展历程

新中国诞生以前，中国铁路已有七十三年的历史。由于当时的反动统治和帝国主义的侵略，给我们留下的是支离破碎、千疮百孔的铁路烂摊子。为了建设新的人民铁道，早在 1949 年 8 月，中国人民革命军事委员会铁道部就下令筹建研究所，"负责完成本部所属各单位所委托的技术研究任务。"

---

① 本文是茅以升在庆祝铁道部科学研究院成立三十周年大会上的报告。

1950 年 3 月 1 日,铁道部铁道技术研究所在唐山正式成立,有四个研究组、一个实验工厂、60 名职工。同年 10 月,改组为铁道部铁道研究所,并将领导机构迁京。这是开创我国铁路科研事业的重要标志。1953 年 2 月,把分散在唐山、北京、大连等地的人员设备集中,迁入北京西郊新址。1954 年,铁道部批准十六字的建所方针,次年组成代表团赴苏联考察铁路科研工作。建所五年多,进行了大量的检验、试验、研究工作,取得了 108 项试验研究成果,并为铁路现场组织了技术培训和技术服务工作。

随着我国铁路运输生产建设的发展,科研事业加速了前进的步伐。1956 年 1 月 1 日,奉令改组为铁道部铁道科学研究院,人员比建所初期增长了十倍。同年,参加编制了铁道科学研究工作十二年(1956～1967)远景计划,参加了铁道部第一次科技工作会议。不久,在北京东郊兴建了环形铁道试验线。当时,为了满足日益高涨的社会主义经济建设和国防建设的需要,实现行车密度高、列车重量大、行车速度高的铁路运输,我院围绕铁路技术装备的改造,广泛开拓了铁路科研新领域。1961 年起,我院比较好地贯彻了《科研十四条》和广州会议精神,受到国家科委的重视和赞扬。1962 年,参加编制了铁路科技发展的第二个长远规划,即十年(1963～1972)规划。到了 1965 年,我院职工总数又比 1956 年改院时增长了三倍多,其中科技人员占半数以上。

但是,在"文化大革命"中,我院遭到严重摧残,研究试验工作和学术活动多年处于停顿、取消状态。1976年10月,党中央一举粉碎了祸国殃民的"四人帮",科学的春天来到了。为了迎接全国科学大会,铁道部于1977年12月召开了全路科技规划会议。全国科学大会之后,铁道部又召开了全路科技会议,制定了八年(1978～1985)规划,调整了专业科研机构,充实了科技人员,科研工作得到迅速恢复和发展。近三年,我院共提供了834项科研成果和阶段成果。

我院走过的道路是曲折的,取得的成就是显著的。我们探寻三十年历史的脉络,是为了树立信心,阔步前进。在党的路线、方针、政策指引下,在铁道部的直接领导下,我院已经大体上建设成为铁路系统综合性的专业研究机构。全院设有16个研究所、两个工厂和一个环形铁道试验段。职工总数达6910人,其中科技人员2710人,占39.2%;工人3344人,占48.5%;管理人员856人,占12.3%。拥有仪表设备二万一千多台件,价值七千九百多万元;固定资产总值一亿二千多万元;生产、办公用房面积十三万二千多平方米,职工宿舍及住宅面积八万一千多平方米;出版科技书刊23类,保有科技图书十五万七千多册,资料五万八千多种,外文期刊三万多册,中文期刊六千多种。可以说,我院已经初步建立了铁路科学技术研究体系,已经培养了一支具有相当数量和水平的铁路科研队伍,初步建立了一些科研试验装备,为铁路科研事业的进一步发展奠定了基础。

为发展运输生产建设做出的主要贡献

我国铁路在解放前,不仅数量少、质量低、行车速度慢,而且标准极不统一,机车和钢轨类型各有一百多种,人称"万国牌"。为了改变我国铁路十分落后的技术状态,我院三十年来,对机车车辆、铁道建筑、通信信号、材料工艺、运输经济和组织等各方面,都进行了大量的研究工作。初步统计,在各铁路局、工厂、工程局、设计院、高等院校以及路外有关单位的大力协作下,共取得二千三百多项研究成果,在铁路运输建设中发挥实际效用的近三分之二。

在机车车辆和电气化铁道方面:为了逐步用新型机车车辆代替旧装备,以满足"拉得动、跑得快、装得多、停得稳",大幅度提高铁路运输能力的要求,1958 年前,我们集中力量研究蒸汽机车改造,解放型、FD 型蒸汽机车的总效率均提高到8.2%,前进型机车的总效率提高到 8.4%,满足了列车牵引定数由 1740 吨提高到 3200 吨、列车运行速度由每小时 60 公里提高到 80 至 85 公里的需要,使铁路运输能力成倍增长。

1958年开始,我们着重研究电力机车和内燃机车。主持了"二四零"柴油机的设计、试制、试验,为东风型、北京型等各种主型内燃机车的研制和改进,提供了一系列技术设计参数,突破了高增压柴油机的技术关键,并运用电子计算机进行柴油机结构性能和主要零部件的设计研究,逐步改进了柴油机的材质工艺,研制成功大功率高效率液力传动装置和交直流电传动系统,对国产内燃机车的研制和改进发挥了重要作用。我院参加了韶山型电力机车的设计、试制、试验和改进,完成了可控硅整流调速机组的研制,提高了国产电力机车的性能。地下铁道动车斩波调压装置研制成功,突破了近百年来落后的变阻调速方式,达到无级调速,再生逆变,接近世界先进技术水平。我院参加研制的三千、四千马力燃气轮机车,正在运营考验。提供了电气化铁道供电系统的成套技术:交流工频二万五千伏电流电压制的技术经济比较,电气化铁道牵引变电所晶体管成套保护及远动控制装置,代替铜导线的钢铝导线,采用碳滑板代替钢滑板使铜导线的使用寿命延长一倍以上,采用吸流变压器减少电气化铁路对通信线路的干扰,使每公里电化线路节省工程投资二万多元,运营线路电化改造采用接触网简单悬挂方式,使5.85米以上的低净空隧道不需扩孔,具有很大的经济价值,大大减少了施工对铁路运输的影响。我院配合各铁路工厂设计试制成功450

吨长大货物车等 13 种新型货车,25.5 米等七种新型客车,四种新型制动机,研制和改进五种转向架以及其他零部件。这些新型机车、客车和重型货车的推广使用,进一步提高了列车牵引定数和运行速度,显著增强了铁路的运输能力。我院还进行了国产、进口各类型机车车辆运行性能试验,积累了大量实验数据,编写了蒸汽机车牵引计算规程和电力、内燃新牵引计算规程,为制定铁路发展规划、进行新线建设和旧线改造提供了依据。

在铁道建筑方面:为满足旧线改造和新线建设,实现大幅度提高线路输送能力的要求,我院研制成功我国自己的钢轨、道岔、扣件、混凝土轨枕等新的线路部件;预应力混凝土轨枕已铺设四千多万根,代替木材四百多万立方米;我国首创与其配套的硫黄锚固技术,经济耐用,便于修补;木枕防腐技术,已在全路推广,枕木使用寿命由四五年提高到十五年至二十年,无缝线路已铺设六千多公里;使我国原有线路的技术面貌发生了根本变化,从而使铁路主要干线允许速度由解放初期的每小时四五十公里提高到 100 公里以上,全路每公里线路平均担负的货运量从 150 万吨增加到九百多万吨。我院配合铁路新线建设,研究设计了大跨度栓焊钢梁,预应力钢筋混凝土桥梁,正在施工的跨度为 96 米的钢筋混凝土斜拉桥,分别接近或达到当时世界同类桥梁的先进水平;掌握了沙漠、黄土、软土、盐渍土、粉细沙、溶洞等多种特殊地质路基的筑路技术;研究了多种坍方、滑坡的处理方法,实现了锚杆式支挡轻型结构,取得了路基病害整治和支挡建筑物的新经验。我院还研制成功了多种施工机械和线路维修、大修机械;参加许多隧道的快速施工试验,创造了国内隧道导坑平均月掘进的最高纪录;进行了隧道衬砌改革,研究采用了混凝土喷锚技术;发展了石方爆破技术,深孔爆破使工效提高20倍。这些研究成果,保证了新线建设的需要,并为今后大规模新线建设增加了技术储备。

在通信信号和电子计算技术应用方面:为采用集中控制和自动控制新技术以及电子计算技术的应用,以提高铁路通过能力和保证行车安全,进行了大量的研究工作。我院研制成功的继电半自动闭塞设备,已在三万六千多公里的铁路线上安装使用;接近连续式机车信号,正在扩大试验;单复线调度集中、调度监督、大小站遥控、大站遥信以及车次表示设备,均在现场装用,形成了我国自己的一套行车调度遥控遥信系统。津芦区段行车调度指挥自动化的研究试验,取得了较大进展,主要技术指标将达到国际先进水平;研制成功驼峰溜放基础设备,技术先进,经济合理,已在全路12个大、中驼峰编组站推广应用,并在两个编组站实现了驼峰溜放半自动化,安全连挂率达到70%以上,500米以内编组线上取消了铁鞋制动员,比机械化驼峰编组场提高作业效率 10% ~ 15% 。研制成功音频选号调度电话,已在全路推广,比原有设备提高效率一倍以上。应用增量调制新技术实现区段通信自动化的研究试验工作接近完成。列车无线调度电话,已在铁路干线推广了八千多公里。现正研究构成干线、山区、站场一整套无线列调系统。在电子计算技术应用方面,主攻铁路运营管理自动化的技术关键,解决了编组站作业组织所需的有关程序,研究试验成功在"390"和"320"计算机上编制铁路运输计划、技术计划、运输方案和十八点运输报告以及铁路统计工厂编制客、货统计报表。还与有关路局、工厂协作,研制成功数据传输设备和客运服务专用设备。

在铁路材料工艺方面:为保证铁路技术装备和零部件质量,节约原材料,进行了新技术、新装备的应用和开发研究。在热处理、焊接、无损探伤、金属材料、化学材料与高分子材料的磨损、断裂、腐蚀等领域,广泛地进行研究试验和探索。辉光离子氮化炉的研制,首创应用逆导晶闸管的快速电子开关电路,使灭弧速度超过了国外的先进水平。长钢轨接触焊控制原理的研究,发展了连续闪光焊接理论,达到降低焊机电源功率,保证焊接质量。研制成功云母氧化铁桥、梁面漆,使用寿命达到十五年以上。内燃机车柴油机活塞环,经采用单体铸造、靠模加工、等离子喷涂钼基合金,使用寿命提高三倍以上,用于进口机车,节省了大笔外汇。改进后的橡胶垫板,使用寿命从三四年延长到十年,每年可节约资金一千多万元,节约橡胶近千吨。各项新材料、新工艺、新技术、新装备的推广应用,根本改变了旧中国铁路材料工艺和技术装备仰赖于外国的局面,对保证铁路运输生产的安全,防止重大破损事故,延长铁路装备的使用寿命,降低材料消耗,节约能源和利用资源,搞好环境保护和劳动卫生,都具有重要意义。

在铁路经济和运输组织方面:我院从 60 年代开始,研究了电力和内燃牵引的技术经济效果,提出了我国铁路牵引动力的发展政策意见;研究了铁路主要干线重量和速度、沿海六大干线牵引动力的合理配置、高寒地区牵引动力选型、京广干线的区间通过能力和编组站枢纽能力的协调与加强、调度集中运营效果的分析、铁路运输成本等项专题,为制定铁路技术政策、编制铁路发展规划和改进运营管理,提供了科学依据。从 1958 年开始,先后总结了铁路现场运输综合作业方案等二十多项先进经验,分析了采用条件和技术经济效果,从理论上进行了论证和提高,促进了这些经验在全路推广。研究了合理运输和集装箱运输,提出了新的零担车编组计划,解决了当时中转站堵塞的混乱现象;还研究提出了:编组站调车场的简易驼峰的设计理论和方法、总体改造和合理图形、驼峰溜放阻力数据和计算方法以及主持研制成功多种散装、长大、笨重和成件包装货物装卸机械。

基本经验和今后任务

回顾建院三十年的历史,联系全国铁路科研事业的发展,总结经验,肯定成绩,克服缺点,继续前进,对加速铁路科技现代化是十分重要的。

1. 只有紧密地结合全院的实际,正确地贯彻党的路线、方针、政策,才能调动广大科技人员的社会主义积极性,推动科研事业的发展。

建所初期,实行"学习苏联,结合现场,培养干部,联系各方"的工作方针,科研对建设新的人民铁道起了积极作用。1958 年前后,铁路科研开辟了许多新领域,发展速度显著加快,但也在一段时间里受到了某些"左"倾错误的影响,反右倾等政治运动,打击和挫伤了科技人员的积极性。党中央于 1961 年 9 月公布试行的《科研十四条》,总结了建国以来科技工作的经验教训,对一系列重大问题作了明确的规定。我院认真贯彻了《科研十四条》,广大科技人员同甘共苦,克服困难,努力学习,辛勤工作,建立了良好的科研秩序,推动了出成果、出人才。不少科技人员到今仍然怀念这个时期精神焕发、科研生产蓬勃发展的情景。可是,在 1964 年 9 月开始的

"四清"运动中，又以"三脱离"为名否定"十四条"，撤销研究室，取消基础理论研究，窒息学术活动，大批科技人员"下楼出院"，打乱了正常秩序，给科研工作造成了严重损失。"文化大革命"一开始，又把"十四条"打成"复辟资本主义的黑纲领"，把大批领导干部打成"走资派"，把广大科技人员打成"修正主义基础""反动学术权威""臭老九"，受到审查和冲击，百分之八十以上的科技人员下放劳动，在铁路散布"没有科研工作，车轮照样转"，全院出现一片萧疏冷落景象。粉碎"四人帮"带来了生机。1978 年全国科学大会，恢复和发展了党的正确的科技路线以及一整套方针、政策，为我们指明了前进的方向。三年来，我院平反冤假错案，解决了历史上遗留下来的重大是非问题，整顿了各级领导班子，提升了科技人员的技术职称；同时，加强科研管理，改善科研工作条件，组织人员培训，认真解决生活问题，出现了安定团结的政治局面，科技人员的积极性日益高涨，各方面的工作蒸蒸日上，推动了科研生产的发展。经验证明：每当紧密地结合我们的实际，正确地贯彻党的路线、方针、政策时，科研就前进，就发展；反之就停滞，甚至倒退。

2. 参加制定并切实执行铁路技术政策和科技发展规划，才能使科研方向任务明确，推动出成果、出人才。

正确及时地确定技术政策和科技发展规划，对我院完成出成果、出人才的基本任务，对铁道科学技术的发展速度，对运输能力增长的幅度，关系极大。1956、1962、1972、1975、1977 年都制定过铁道科学研究工作远景计划，每年根据长远规划确定科研重点项目。实践证明：长期以来，由于全路有些技术政策摇摆不定，科技发展规划制定得不够切合实际，很难贯彻执行，又缺管检查和总结，使得我院有些研究专题方向任务不明，有的新技术项目课题重复、力量分散，有些规划、计划不能贯彻始终。我院既要加强铁路技术政策的研究，为铁道部制定和修订全路技术政策的长远规划，提供必要的科学依据和技术经济论证；又要根据铁路技术政策和长远规划，明确全院的科研方向任务、主攻目标和重点课题，安排计划，调整机构，配备人员，购置设备，落实技术政策，实现长远规划。

我院是铁路系统的专业科研机构，必须针对运输生产建设的技术关键，选定铁路发展中的重大、综合、长远、理论方面的课题，引进、消化国外先进技术，解决实现铁路现代化的各种科学技术问题。

为了提高铁路科技水平，培养人才，更有效地吸取国外长处，要注意基础理论的研究，加大专业理论课题的比重，增强技术储备。为了尽快把科研成果应用到生产上去，还要加强发展研究，安排好中间试验，及时组织科研成果的审查、鉴定和推广,形成运输生产能力。

3. 加强对铁路科研工作的领导,建立集中统一的科研管理体制,是加速发展铁路科研事业的当务之急。

经验证明:我院什么时候及时请示汇报,主动争取到铁道部领导的重视和支持,我们的事业就蓬勃发展。目前,全国铁路的技术装备相当落后,我院现状同铁路科技现代化的要求也远不适应。我们必须向铁道部领导多请示多汇报,争取把科技摆到实现铁路现代化的关键位置上来。只有列入重要议事日程,技术政策、发展规划、科研条件等一系列紧迫问题,才能作出重大决策;只有建立集中统一的管理体制,才能把各方面的力量组织协调好,有效地克服分工不清、责任不明、各搞一套的分散主义,避免重复、分散、浪费,调动各方面的积极性,向着铁路科学技术的深度和广度进军。

我院要在铁道部的统一指挥下,充分发挥野战军的作用。我们要同各铁路高等院校、铁路局、工厂、工程局、设计院的科研机构大力协同,合理分工,各得其所,各负其责;要同铁道部各业务局加强联系,在制定技术政策和科研计划、安排现场试验、组织成果推广等方面,取得支持和协助。我院内部也必须强调集中统一指挥,纠正自行其是、互不协作的偏差;不适应科研工作发展需要的体制机构要进行必要的改革,提高各个职能部门的工作效率,减少层次,扩大专业研究所的自主权,调动院、所两级的积极性。

4. 加强科研管理,建立科研工作的正常秩序。

由于"四人帮"的干扰,科研工作的正常秩序遭到严重破坏。只有迅速把正常秩序恢复和建立起来,科研生产才能顺利进行。恢复和建立科研工作的正常秩序,重要的是搞好"五定(定方向、定任务、定人员、定设备、定制度)";编好科研生产计划,掌握学科专业的发展方向,选准课题,明确技术关键和主要研究内容;选好学术带头人,配备技术骨干,各类专业人员达到配套;搞好组织协调,保科研项目和人员、经费、物资、基建等各项条件的综合平衡,保证专题工作的顺利进行;抓紧科研工作进度的检查,及时进行科研成果的审查、鉴定和推广。各个部门、各类人员一定要坚持以科研中心,健全各项规章制度。科技情报和图书资料工作是开展科学研究的先行条件,要加强科技情报研究和服务工作。

实行科学管理,必须充分发挥各级学术委员会的作用,发扬学术民主,开展百家争鸣,组织科学研究讨论铁路科技发展政策,审议科研方向任务及规划、计划;评定科技人员业务水平,审议科学论文以及重大科研成果的鉴定等。

一定要坚持勤俭办科研,树立经济核算观点,试行科研合同制;认真管理事业收入,建立奖励基金;加工试制工厂和某些后勤服务部门试行事业单位企业管理,利润留成,超额奖励。

5.大力发现、选拔、培养人才,加强专业科研队伍的建设。

没有一支技术业务水平较强和一定数量以及各类人员配套的科研队伍,多出成果是不可能的。我院科研队伍由研究人员、技术人员、管理人员、党政干部和技术工人组成,重点是研究人员。当前队伍建设中的突出问题是:科技人员的基础理论、测试技术和外文水平低,人员不配套,全员培训工作薄弱。加强队伍建设,首要的是作为战略任务列入全院的重要议事日程,及早制定出切实可行的人员培训计划。在职人员的培训,要实行普遍提高、重点培养、打好基础、攀登高峰的原则。正确处理工作与学习、专业与外语、脱产学习与业余学习;重点培养与普遍提高的关系,坚持以工作为主、以专业为主、以业余学习为主,加强重点培养。必须贯彻"择优""拔尖"的原则,不拘一格地发现人才,选拔人才,着重培养学术带头人和各个专业的技术骨干,充分依靠并发挥专家的作用,开办一些短期专业学习班。要继续招收、培养研究生,适当吸收铁路现场有实践经验而又适合科研工作的技术人员,充实必要的辅助人员,使科研队伍逐渐配套。这样才能较快地壮大专业科研队伍,提高铁路科技水平。

6.充实实验技术系统,加强研究试验和试制加工基地建设,加速科研手段现代化。

科研手段是完成科研任务的物质基础,没有研究试验手段的现代化,科研就很难走在运输生产建设的前面,适应铁路现代化的需要。目前,科学仪器和实验设备严重陈旧落后,有计划有重点地进行科研现代化建设,首要的是将北京东郊环形铁道试验段建设成机车车辆、铁道建筑、通信信号等专业的综合试验基地,承担现在必须在铁路现场进行的大部分试验项目,缩短科研周期,提高科研质量;将工程机械厂改建成科研加工试制基地,尽快完成从生产厂到科学试验工厂的过渡。我们要发扬艰苦奋斗、自力更生精神,把现有的试验设备管好用好,抓紧建设各种类型的专用和通用实验室,同时,引进多参数测试仪器、电子计算机控制的数据处理装置等必要的急需的试验装置,逐步实现科研手段现代化。

7.创造良好的科研工作环境,不断改善科技人员的工作、生活条件。

经验证明:工作环境和职工生活条件的不断改善,是把科研搞上去的重要保证。近年来,后勤部门以科研为中心,为科研服务,做了大量工作。但是,由于多年来积累的问题很多,加以目前国家刚刚走上新长征道路,财力、物力都受到限制,办公用房拥挤不堪,图书阅览场所很小;科技人员有不少实际困难:住房,小孩入托、入学,子女就业,食堂和生活供应,劳保福利,夫妇两地分居等种难题。关键在于各级领导

茅以升全集 ⑦

必须引起足够重视，想方设法创造科研工作的良好环境，千方百计减少以至解除科技人员的后顾之忧。凡是经过努力能够解决的要及时解决；一时难于解决的，也要订出计划，分期分批加以解决。

8.面向世界，进入世界，学习与独创相结合，高速发展铁路科学技术。

我们在发展我国自己的科学研究的同时，要积极开展国际学术交流，同外国铁路交流先进科学技术。我们要立足于独立自主，自力更生，从我国铁路运输的实际情况出发，大力了解和吸收国内外先进科学技术和科研经验，明确赶超目标。同时，要开辟各种途径，有计划地加强国际学术交流，制定和落实行动计划。当前，要根据铁路科技发展规划、重点科研任务和空白薄弱学科的需要，同国外铁路专业科研机构建立直接联系，派遣科研人员出国学习、进修或考察，邀请外国专家来华讲学，组织合作科研项目，引进外国铁路先进技术，引进必要的配套的试验装备，做到学习与独创结合，迅速提高铁路科学技术水平。

我国铁路科技比当代世界先进水平落后了一二十年。作为铁路科学研究的重要基地，我们应当急起直追，刻苦努力，有所建树，有所创新，有所前进。我们一定要沿着党的十一届三中全会指引的方向，认真贯彻党的政治路线、思想路线和组织路线,切实执行中央调整、改革、整顿、提高的方针,加强思想政治工作,把全院的工作重点真正转移到科研现代化建设上来。三五年内,要以营业线电气化、铁路牵引动力和重轨线路为主目标,集中力量攻破一批铁路现场急需的技术关键,把重点科研成果拿到手,为铁路现代化做出新的贡献。

1980 年 3 月 1 日

中国人民建成了亚洲第一桥

中国长江是亚洲第一大河,武汉长江大桥是亚洲第一大桥。今天这座亚洲第一大河上的第一大桥在武汉举行落成通车典礼,这是我国交通史上空前辉煌的一件大喜事,在全国人民欢欣鼓舞下,全世界人民亲切注视下,提前两年实现了!作为一个桥梁技术工作者,我以无比兴奋的心情,向领导建成这座大桥的我们伟大的党,向参加建成这座大桥的全体职工同志们,向帮助建成这座大桥的苏联专家们,致以崇高的敬礼和热烈的祝贺!

武汉长江大桥的建成实现了中国人民数千年来的梦想,特别是武汉人民的梦想。它说明:人民的一切梦想只有在共产党的领导下,在民族的解放后,在社会主义的道路上,才能全部实现。没有共产党,中国就不会解放,就不会有社会主义,更不会有武汉长江大桥!

武汉长江大桥的建成再一次证明了中国共产党对工程建设领导的正确。在解放以前，我国也有过一些比较大的铁路桥或公路桥，但它们不是为了帝国主义的经济侵略，就是成为反动统治压迫人民的运输工具，可是今天的武汉大桥和其他在解放后修成的桥梁一样，却都是真正为人民服务的，这只要看大桥的一切便利人民交通的设施就可证明了。在解放以前，我国也造过一些比较大的桥梁，但其中除极少数是由我国人设计并承包一部分工程外，其余都是由外国人包办一切，用外国工程师、外国材料、外国机器和外国借款。然而今天的武汉大桥，尽管规模比以前大，工程更困难，却完全不同了，它是由我国工程师设计，用我国钢铁、我国机器、我国材料，在我国制造，并且全部用我国财力建成的，这在中国桥梁史上是前所未有的。在解放以前，修路造桥都只是一个部门的事，其他部门有的袖手旁观，有的从中破坏，根本谈不到互助合作。但今天武汉大桥的修建却完全不同了，它不但是在中央和地方政府各部门的充分合作之下进行的，而且还经常得到全国各地的积极支援，因而武汉大桥的胜利成为全国人民的胜利。在解放以前，对武汉建桥也曾有过一些建议、勘测、钻探和设计，我自己也曾参加过设计并写过计划书，但那时在反动统治下，这一切都是徒劳的，都只成为纸上空谈。然而中国一解放，武汉建桥就有了希望，而今天更成为事实。中央铁道部自 1950 年春季起,就开始建桥的一切筹备,1954 年成立武汉长江大桥工程局,1955 年 1 月完成了汉水铁路桥,1956 年 1 月完成了汉水公路桥,1955 年 9 月起,长江大桥正式开工,今年 8 月 15 日即试行通车。在这期中,工程局的全体职工同志们在党的领导下,苏联专家的帮助下,发挥了群众智慧和集体力量,以忘我精神,不分日夜辛勤劳动,排除万难,取得了最后成功。大桥的一钉一石,都代表着工人们的血汗功劳,其中可歌可泣的事迹,不可胜数。像这样劳动热情的成果,在解放前的任何桥梁工程中都是不可能的,但在今天却完全实现了,为什么会实现呢,因为有我们伟大的党!

武汉长江大桥的建成再一次显示了我国社会主义制度的优越性。从大桥施工所需的钢铁、机器、水泥、木料、电力以及一切其他器材设备来看,如果不是我国先有了社会主义工业化的初步基础,它们的供应是不可能赶上工程进度的。这就说明了我国第一个五年计划的正确性,因为计划中的各种项目都是人民迫切需要而且是彼此关联的,这是武汉大桥的物质基础。再讲人力,在社会主义制度下,集体利益的认识和集体力量的发挥,是一切工作顺利完成的可靠保证,而这在武汉大桥是充分体现出来了,因为群众积极性无比高涨,创造发明多不胜数,最后就能提前完工,并且取得了质量高、造价低的成果。再从培养干部来说，提高政治觉悟、促进业务水平的社会主义教育方法，在武汉大桥也是不惜一切尽力做到的，因而在施工期间，先后训练出大批的桥梁技术干部，到今天已足敷十个桥梁工地之用，成为社会主义建设的一个桥梁教育基地，奠定了今后桥梁技术上的人力基础。有了这样的人力物力，我国今后的桥梁事业就能充分发展，这所以成为可能，是因为我们有了优越的社会主义制度。武汉大桥的开工正在我国社会主义革命高潮的前夕，而完工却远在社会主义革命的胜利以后，大桥施工不算慢，但社会主义革命的飞跃发展更为神速。在这个意义上，武汉大桥正象征着我国过渡到社会主义的一座桥梁，它不但纪念着我国社会主义革命的彻底胜利，而且表现出我国社会主义建设在科学、技术和工业化方面的综合性的伟大成就！它将永远地告诉人们，就是在大桥施工的紧张日子里，中国人民完成了社会主义革命，并且超额完成了第一个五年计划！

武汉长江大桥的建成震惊了全世界，特别是资本主义国家。近两年来，我因参加国际会议和团体访问，曾在日本、意大利、法国、葡萄牙和英国等资本主义国家作过关于这座大桥的施工技术的公开讲演。听众中很多人都以为中国的经济和科学向来非常落后，但在今天竟能以自己的人力、物力和财力来修建这座亚洲第一大桥，感到万分惊奇。特别是我国的技术力量已经发展到足以克服在长江深水中施工的程度,认为这是和我国社会主义制度分不开的,因而消除了对我国的许多误解并表示对我们党和政府的崇敬。我们修桥的速度更使他们惊异,都认为这在他们的国家是不可能的事,以致几乎达到难以相信的地步,而实际上我的报告还总是落后于施工的。例如 1955 年 12 月在东京报告时,我说桥墩围图①已有两个下水,但实际上那时已有四个下水了。去年我在各国的报告里,总说大桥要在今年年底或明年年初完工,今年 8 月往伦敦开会所带的印发文稿中就改说要在今年 9 月试通车,但实际上,在 8 月 15 日就试行通车了!这样高的施工速度说明了大桥技术中的许多创造性的新成就。

武汉长江大桥的建成开辟了桥梁技术的一个新纪元。在水深达 45 米的岩层上建筑桥墩,而深水时期每年达七八个月之久,已是桥梁史上罕见的艰巨工作,而且这座桥的钢梁制造与架设,引桥和联络线的修建,都包括规模巨大、内容复杂的结构工程,但是这样宏伟的建筑竟然在史无前例的短短两年时期内全部完成了!这一切之所以成为可能,是由于在党的领导下,我国桥梁技术已经得到高度发展,因而在苏联专家的创议和协助下,就以大型管柱钻孔法的创造性的新技

① 建筑上所说的围檩或围挡,起支撑作用。

术,来胜利完成这些带有关键性的桥墩建筑。在这些新技术中,用大型的钢筋混凝土管,以震动打桩机配合射水,使之下沉,然后在管内用十字带弧形的钻头,向岩层钻孔,都是世界桥梁史上的第一次应用。同时,经过多次试验和研究,现已证明这种新技术不但适用于武汉大桥,而且也适用于其他桥梁,不但适用于桥梁,而且也适用于其他各种水下建筑,比起原有的各种水下施工方法,都能得到更好、更快、更省的结果。我国武汉大桥的施工技术已经达到世界桥梁的科学水平。为了纪念这项具有重大意义的桥梁技术上的新成就,我提议这种大型管柱钻孔法的施工技术是可以命名为"中苏法",来表明这个成就的基础在于中苏两国人民的永恒友谊和技术合作。

在全国人民热烈庆祝武汉长江大桥通车的今天,在全世界热烈庆祝苏联放射第一个人造卫星获得大成功的今天,我们社会主义国家再一次向全世界宣布:"社会主义新社会的人们,以获得解放的和自觉的劳动,把人类最大胆的理想,变成现实!"我们都在做我们的前人从来没有做过的极其光荣伟大的事业!

原载 1957 年 10 月 15 日《人民铁道》

对文字改革的几点认识

汉字简化方案和汉语拼音方案，是文字改革的两大利器。这两个方案在人民群众中继续努力推行，我们的文字改革工作将会取得日益显著的成就。我对文字学虽然外行，也愿来谈几点认识，并附一些意见，不妥的地方请读者指正。

汉字是我国极其宝贵的文化遗产。它在历史上团结了世界上人口最多的民族，发扬了他们传统悠久的文明。直到今天，它还能很好地为现代的科学技术服务。因此，我们在思想上，非常喜爱汉字。

汉字之所以难识、难读、难写，重要原因之一是文化长期以来为封建统治阶级所垄断，作为文化工具的文字，其发展也受到了阻碍。汉字的"形、音、义"，不是非复杂不可的。字"形"是可以简化的，字"音"是可以统一的，字"义"是可以整理的。如果文化一向是掌握在人民群众的手中，那么汉字一定早已经过了不断的改革，绝不会是今天这个样子了。

　　汉字的形，不与它的音发生必然联系。因而各地方言，尽管复杂，而字形不变，全国统一。这是几千年来，通过"书同文"而团结民族的一个重要因素。但是汉字笔画繁复，几万字就是几万个复杂的图形，这又成为不可避免的难题。解决的办法，只有简化。简化汉字已经推行了四批，收到很好的效果。希望今后还要继续简化下去，把常用字中所有笔画繁复的字，都简化一下。可是简化字要保持一字一形的特点，不能多字一形。还要注意不可闭门造车，一定要走群众路线，慎重决定，不要一改再改。群众造字，引起混乱，很多人反对。我却认为群众造字是件好事，是群众在发挥他们的智慧。如果群众新造的简化字，先在少数人中间，或者在本工作单位内试用，不用到出版物上去。试用以后，把认为好的字寄给文字改革委员会，供选择参考，这不是集思广益的一种方法吗？

　　汉字书写发展成为一种书法艺术，这是我国文化中的一个特点。但是同一个字有好多种写法，手写体又跟印刷体分离，因此学认、学写就更加困难了。我建议，在汉字简化方案和汉语拼音方案以外，还要再加一个汉字书写方案，规定每个汉字的书写标准，并且使印刷体和手写体的写法一致。这样，学生学字、练字就有一定的范本。目见的和手写的字形没有两样,看书和写字的时候就能节省脑力。

我希望编辑、出版一本标准字典,把所有今天通用的汉字,一一规定字形,统一读音,确定用法和意义,使全国学习和使用汉字有个大家遵守的标准。

遇到新的意义要表达的时候,应当用原有的汉字连缀成新的词,不要创造新的单字。汉语的词汇本来很丰富,今后还可无止境地扩充。用原有的汉字连缀成新的词,就可把常用汉字的总数限制在一定范围以内。无论如何,造新"词"比造新"字"好。字数有了限制,对学习和应用,都减轻了负担。

新造的词,也要标准化。应当按专业需要,编成各种专业词典,每年或几年增补一次。为了方便认读,在开始使用一个新词的时候,可以在连缀成词的各个字下面,画一横线,如同从前在人名、地名下面画横线那样。

汉语拼音是大有发展前途的。首先是外国的人名、地名等专门名词就可以不必译成汉字,都可用拼音字母转写,夹在汉字之中。其次是比较专门的科学技术名词,也可直接用拼音字母,而不必徒费脑筋去译音译意,或创造新词。还可对几个词组成的词组,只取每个词的第一个字母,将几个字母连在一起而成为一种缩写或代号。比如技术文件,产品规格等等,用了这种代号,既省事,又省纸。有人认为,汉字当中夹了拼音,很不雅观。其实,日本文就是这样,并无妨碍。

我个人的理想是,将来文字改革大大推广后,人们所读的书,在小学时是汉语拼音字母中夹简化字;在中学及社会一般生活中,是全部简化字;而在大学及一切业务机构中,是简化汉字中夹拼音。当然在研究古代文学和史地的书中,还要夹杂许多未经简化的繁体字。

人民群众是文字改革的实践者,同时也是文字改革中的创造者。他们在实践中提出问题,也在实践中提出解决的方法。走群众路线,使人人都能对文字改革工作贡献力量,这就是走向成功的道路。

原载 1964 年 5 月 13 日《光明日报》

我与商务印书馆

　　商务印书馆创办于1897年，比我诞生晚一年，因此我可以说是看着它从无到有、从小到大全部发展历史的一个目击者。我对它有着不同一般的情感。我曾对它作过一个评价：只要是一个中国人，他们都和商务通过它出版的各种读物有过接触。

　　方块字。我在1900年四岁时，即开始认字，用的工具即是"方块字"。一面是大字，背后印的是五彩图画，每100字装一纸盒，每盒100张。凡是经过认字的知识分子，即知道"商务"。

　　教科书。我10岁时入中学，所用的各门教科书，多半是商务出版的。教科书以外的参考书和工具书，也有很多是商务出版的。此外，社会上通行的《辞源》、各种英汉字典、《涵芬楼秘笈》、期刊、小说等等，也多由商务出版。

应当说,商务不只是一家出版商,而且它也是传播我国文化的一位先驱者。它之所以达到如此地位,是和它的董事长张元济先生的领导以及商务同仁的辛勤努力分不开的。

我第一次见张元济先生是在 1948 年南京中央研究院的第一次院士大会。那是一次院士的选举会,我和张老先生同届当选为院士。当时各院士多就学术方面发表意见,而张元济先生在发言中,首先谴责当时的内战,受到全场的正视与拥护。我由此认识了张先生,并对这位老人由衷钦佩,主动向他攀谈,表示敬意。第二次,是 1949 年 6 月在上海陈毅市长举行的招待会上,张先生和我同时被邀请出席。我们同在一桌,又一次作了愉快的交谈。从此,我在敬佩之余,认识到商务印书馆的发展,是大有由来的。

我与商务为同代人,而经常感到,我取之于商务者甚多,而商务取之于我者甚少。我写的《中国圆周率略史》虽然在 1918 年的《东方》杂志(第 15 卷第 4 号)上刊载过,但我直接为商务印书馆写作的东西不多。为此,我回想起我由美国回国后,在上海会见了商务张世鎏先生。那时他正为商务主编《求解作文两用英汉模范字典》,我们一见如故,他向我谈出他对编这本字典的一些设想,我也畅所欲言地提出了我的意见。后来在本书的序文中,对此曾有所阐发。这本字典在解放后增补两版,1958 年又发行了第三版。这仅有的"一夕谈",作为我对商务的服务,感到太菲薄了。

诗两首

别钱塘①（七绝三首）

一

钱塘江上大桥横，

众志成城万马奔。

突破难关八十一，②

惊涛投险学唐僧。

二

天堑茫茫连沃焦，

---

① 本诗作于 1937 年。

② 谚云，唐僧取经八十一难。茅以升字唐臣，其母曾说：唐臣造桥，八十一难。

秦皇何事不安桥。①

安桥岂是干戈事，

同轨同文无浪潮。

三

陡地风云突变色，

炸桥挥泪断通途，

五行缺火真来火，②

不复原桥不丈夫。

北洋今胜昔二十韵

新学既东渐，北洋卓有声。

延我即讲席，朝夕对群英。

我亦方少壮，图强意纵横。

切磋不知倦，析疑四座倾。

---

① 此两句系唐代施肩吾《钱塘渡口》诗。

② "钱塘江桥"四个字的偏旁，各为金、土、水、木，五行中偏缺"火"。1937年12月22日，日本侵略军逼近杭州。23日下午五时，为阻敌炸桥。"火"真来了，桥却断断了。

兵余复弦歌，畀我以校政。

师友欢相得，翕然归淳正。

国事方多故，邪正角相竞。

魔火不为灾，新厦俄顷竟。

南土忽相招，钱塘潮浪高。

自古空寥阔，秦皇不安桥。

面对惊涛不抽身，力驱鼋梁浮万钧。

三载架桥成，桥成寇已深。

莘莘诸学子，颠沛尽西行。

人谋复诪张，逶迤何栖遑。

栖迟川与陕，摇落浙山苍。

否极微阳动，春荣百卉芳。

煌煌三十载，重开日月光。

崇实遵校训，时隆道乃昌。

济济夸多士，嘉木蔚千章。

颂今还鉴昔，前事未可忘。

　　　　　　　　　　1983 年 11 月

RenJian CaiHong

人间彩虹

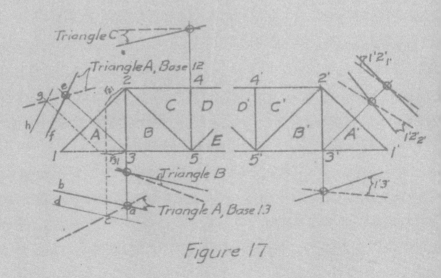

Figure 17

毛主席谈话记录[①]

  1949 年 9 月我自上海来京，参加全国政协的成立大会，会后铁道部发表我为中国交通大学校长，交大撤销后改任铁道研究所所长，研究所改组为铁道科学研究院时，继续担任院长，以迄于今。在这十九年中，因兼任全国人大常务委员及全国政协的科技组长以及其他社会活动关系，我非常荣幸地得在各种大会及庆典宴会上见到伟大领袖毛主席多次，并在一些大会上听到毛主席的报告和讲话，特别是 1957 年 2 月 27 日的"关于正确处理人民内部矛盾的问题"的讲演，受到极大教育，心弦震荡，感奋莫名。最令我毕生不忘感到更大幸福的是有多次见到主席时，主席和我亲切握手并谈话，一句

---

  ① 该文为茅以升从 1951 年到 1968 年陆续所写的毛泽东主席接见他的回忆文字，原名为《伟大领袖毛主席接见并谈话的光荣回忆》，有删改。

一字,深深印入脑海,是对我最大的鼓舞、最大的鞭策。我不知该如何奋勉来报答主席对我的关怀和期望,只有努力加强学习毛泽东思想,作为武器,更好地为人民服务,为社会主义建设做出贡献。

为了珍惜现在,激励将来,特将主席历次接见并谈话的光荣情景,写一简单回忆,永志不忘。

第一次,1949年9月,怀仁堂。

主席接见参加第一届全国政协的代表,我在自然科学工作者的一组。我们走进怀仁堂大厅时,见主席立在正中,立刻感到光芒四射,赶忙随众屏息趋前,旁有我们组长梁希介绍,主席含笑和各人见面,亲切握手,并说:"你们都是科学界知识分子,知识分子很重要,我们要建国没有知识分子是不行的。"我感到亲切温暖,无上光荣。

第二次,1951年1月1日,中南海勤政殿。

1950年12月30日我接到中央人民政府委员会办公厅的来信,内附1951年1月1日下午六时在中南海勤政殿举行新年团拜并聚餐的请帖,信上说:"请参加第一席。"我看到"第一席"这三字,立刻欢欣若狂,因为知道毛主席一定是在这第一席的。果然,在宴会上我真的同伟大领袖毛主席同坐一桌。同在这第一席的有各大学校长和教育部部长马叙伦及中国科学院院长郭沫若。在入座前,周总理介绍我见主席时，主席听说我姓茅，就笑着说："那我们是本家哪。"主席谈话常带风趣，令人感到更加亲切，更加温暖，如坐春风。在席上，主席与同座各位随意交谈，见了我时说："啊，你是交通大学校长。"我随将交大组织极简单地汇报了一下，接着我就说，交通大学全校师生员工都万分渴望主席能为我们校名题字，这在我们全校是最大的光荣，最大的幸福。主席当时笑着点头，表示允许，又极其谦虚地说："写得不好，为清华题的字，还有人有意见。"我当时向主席竭诚表示了衷心感谢，同时也激动得几乎说不出话来。在这次宴会后不久，果然主席为我们校名题了"北方交通大学"六个字，由中央人民政府委员会办公厅送到铁道部，转发到交大校部。

第三次，1955 年 12 月 30 日，杭州。

1955 年 12 月初，我参加了中国科学院院长郭沫若率领的中国访日科学代表团，在日本参观访问了三星期以后，于 12 月 25 日自下关乘船返国，本云往天津，临时改驶上海。28 日到沪，始知杭州有任务，全团由杭回京。29 日到杭州，30 日午后四时半全体随郭团长出发，车行约半小时，开到一处，大家陆续下车。时天色已晚，暮霭四合，苍茫中见路旁有人影，我仔细一看，又惊又喜，顿时眼前雪亮，万想不到，原来是我们伟大领袖毛主席！郭团长匆匆介绍后，主席即约大家进去，过一小花园，到内屋，在一间餐室入座。餐室陈设简朴，中间为长方餐厅，两旁各有藤椅五张，两头各有两张。饮茶时主席和大家随意谈话。郭团长又为大家介绍一次，轮到我时，主席说："哦，我们本家嘛。"其时我正坐在主席身旁接着郭团长向主席汇报代表团访日情况，主席垂询甚详。

七时半开饭，系家常便饭性质，席上主席说起："我国农民，每年只做150天工，其余时间白费，但合作起来，地间即可利用，现在有的地方，农民已自动修公路，即是一例。"又说："农业合作化的全面规划证明只要有规划，就能发现问题，而且得到解决。"席上主席谈笑风生，大家起初感到拘束，后来渐渐轻松，敢于和主席随意交谈。主席知道我在铁道部门工作后，即对我国铁路网提出指示："在十五年内，铁道计划应包括以下各线：（1）沿海线，通过青岛、南通、宁波、福州、广州。（2）汉中到武汉线。（3）昆明到贵阳线。（4）新疆南疆到西藏拉萨线。（5）云南经百色到广西线。（6）广西到越南线。（7）沈阳到热河线。（8）贵州到湖南线。我随后提出铁路动力问题，主席说这非常重要。

饭后饮茶，八时半散，主席又和大家一同出门，在路上问我是江苏何县，我说镇江，主席即说："镇江甘露寺是出名的，但《三国演义》上说，刘备在甘露寺招亲，这不对，实系孙权将妹妹送荆州成婚。"（后来我看到《三国志》，果然如此，主席渊博惊人）到大门口时，主席又与各人一一握别，各人感奋心情,无言可表。

隔日(12月31日)郭团长率全团自杭州飞返北京,结束了访日的重要任务。

第四次,1956年2月3日,怀仁堂。

主席接见全国政协第二届全体委员,这次接见,按委员所属单位,分别集合在怀仁堂的几个休息室,科学技术组在西边休息室。我那时是科技组负责人,主席来到这休息室时,由我为各委员介绍,主席进门时,有人先为我介绍,主席说"我知道",随即和我握手,我即将本组情况简单汇报一下,然后各委员鱼贯走向主席,我在旁报名,主席一一握手,有时问一两句话,由委员或我回答,旁有新华社记者摄影,前后历时约十分钟。所有被接见的人,都感到无比兴奋,无比光荣。然后全体入大厅参加宴会。在宴会中,各组代表分别前往主席席上敬酒,我代表科技组前去。宴会结束时,主席离开大厅,全体起立欢送,歌声响彻云霄。后来新华社记者把我在向主席介绍委员时所摄的照片,寄我一张,我珍袭收藏,感到无上光荣。

第五次,1961年春,中南海勤政殿。

这是在一次最高国务会议时,我奉命参加,会议历时两日。第二日早晨,我到得特别早,只有竺可桢、吴有训、严济慈几位科学院同志在场。我们几人正在闲谈,忽然大厅北面的门开了,走出一位首长,大家一见,惊喜万分,原来正是我们伟大领袖毛主席,身旁并无别人,见全场肃静,只有我们这边有些人,就过来和我们谈话,与各人握手,见到我时就说:"我们本家嘛。"旁边竺可桢说,他姓草头茅,主席说"我知道"。接着主席提起高等教育问题,我在谈到交通大学时说起,1937年抗战初期,我随学校在湘潭住过半年,主席就说:"那么,我们又是同乡了。"这时会场上的人渐渐多起来,主席走向别处去了。

第六次,1963年3月30日,西郊科学会堂。

这是在全国农业科学技术工作会议时,伟大领袖毛主席来到会场,接见全体出席人员,并一同照相,我因是全国科协副主席,负责科学普及工作,故参加大会主席团,照相时坐在前排。主席到科学会堂的广场时,全体出席人员起立欢呼"毛主席万岁!"聂荣臻副总理陪同主席接见。主席在入座前,走过我们队伍,范长江在旁介绍,主席见到我时,一面握手,一面说:"你写的《桥话》(在《人民日报》上连续发表的),我看见了,写得很好,你不但是科学家,还是文学家呢,你还继续写吗?"我赶忙回答"请主席指示,现在还继续写",当时我的激动心情,无法形容!

第七次,1967年10月1日晚,天安门上。

第十八周年国庆晚会,伟大领袖毛主席来到天安门城楼上，从西边石阶走上检阅台，我们在石阶与检阅台之间的走廊两旁，夹道欢呼，主席含笑与大家招呼，并和一些人握手谈话，见到我时与我握手，我怕主席几年未见我，想不起名字，连忙报名，主席就说："啊，你是造桥的吧，造桥是为人民做好事啊。"主席记忆力之强，实可惊人。这时在我旁边的有吴有训同志。

第八次，1968年5月1日晚，天安门上。

今年五一国际劳动节晚会，天安门广场上，特别热闹。伟大领袖毛主席于八时许来到天安门城楼检阅台，我们在通向检阅台的走廊两旁，夹道欢呼。主席入场时，和一些人握手谈话，见到我时，一面握手，一面说："你是造桥的嘛，好事啊。"对我一见就识，并提起造桥，我激动得不知如何答谢。这时在我旁边的有史良同志。

第九次，1968年10月1日，天安门上。

第十九周年国庆晚会，伟大领袖毛主席于八时正来到天安门城楼上检阅台。这次晚会有各地工人代表上城楼，集合在城楼东西两旁的平台上。主席在检阅台入座后不久，即起身往东西平台接见工人代表。我这时立在往东平台的夹道旁边，主席走过夹道时，和一些人握手谈话，见到我时一面握手，一面注视不语，我赶忙报名，主席听到，立即说："我知道，本家嘛。"稍停一下，又说："瘦了。"我因胃病，这半年确是瘦了不少,有的朋友几乎见面不识。

第十次,1969年5月1日晚,天安门上。

今年五一国际劳动节,我上天安门城楼后,见检阅台两旁,西首为党的新选出的中央委员席,东首为人大常委席,我得和党中央领导同志一起参加晚会,深感荣幸。八时前五分钟,伟大领袖毛主席来到天安门上,自西首平台入场,平台上坐着九大的代表,一见主席,全体起立欢呼,同时天空响起《东方红》的雄壮歌声,广场上几十万群众,人人高呼"毛主席万岁",整个天安门广大人群浸沉在欢乐海洋中。主席接见过西首平台上的代表们后,走上城楼当中的检阅台,在入座前,又走向东首平台,准备接见那里的九大代表。我们人大常委的座位在检阅台与东首平台之间,我们见主席走来都欢呼万岁,主席走过我面前时,即停步和我握手,并即说:"我们本家。"毫无迟疑之状。主席接着问我:"好吗?"我说:"很好,谢谢主席。"他就伸手向我后面的几个人握手,各人报名时,声音较低,我就在旁边介绍,一共四个人:刘文辉、卢汉、华罗庚、孟继懋。主席含笑和各人握手毕,向我点了点头,继续前行。

第十一次,1969年10月1日观礼时,天安门上。

1969年二十周年伟大国庆节,我上天安门城楼观礼,广场上群众游行结束后,主席照例走向城楼东西两角,与下面观礼台上来宾及群众抬手答礼。这次从东面走回向西前进时，路过我等人大常委队伍，大家欢声雷动，主席一面前行，一面向我们队伍招手，在我面前走过后，忽然回头，向我凝神地望了一眼，立即特地走回来，和我亲切地紧紧握手，好像有话要说一样，随即同我右边的梁思成，左边的沙千里两人，也握了手，然后再向前进，表示确实认得我，并非泛泛，虽然过去十几年中，和我谈过十次话，然而这次关注之切，更使我刻骨铭心！

第十二次，1970年5月1日晚，天安门上。

1970年五一国际劳动节晚上七时，我上了天安门城楼，参加晚会，见楼下广场上数十万革命群众，排成队伍，灯光辉煌耀目，歌声四起，精神为之一振。楼上石栏前一排圆桌，正中为检阅台，两旁为外宾席。石栏后，东首为人大常委席，西首为中共中央委员席，各有三排座椅，我在东首第三排入座，座后即为大殿前的往来甬道。

九时正，在雄壮的《东方红》乐曲声中，我们的伟大领袖毛主席及周总理等领导同志来到天安门城楼，登时广场上万众欢腾，汇成喜乐洪流，人人欢呼"毛主席万岁"！这时广场上空，礼花飞起，满天红光照耀，五色缤纷，象征祖国的繁荣景象。

毛主席在检阅台就位后不久，即起立向东走去，接见各圆桌上外宾,然后继续东行,走下台阶,接见城楼东面平台上数百位观礼代表。接见毕,回到城楼走上台阶,顺着甬道前进,接见甬道南边的观礼队伍,大家起立欢呼。我的第三排座椅,正好紧挨甬道,毛主席见了我,即止步和我握手,含笑说"我们本家嘛",接着自语"茅以升",我赶忙回说"是",他忽又放声说"钱塘江桥嘛",好像回忆起一件事,我登时欣喜若狂,冲口说出"主席记忆力,实在惊人"。

记毛主席为北方交通大学亲书校名

　　1949 年 9 月, 我从上海来京, 参加全国政协第一次大会,
10 月 18 日铁道部发表我为中国交通大学校长, 该大学于
1949 年春成立, 包括北京铁道管理学院及唐山工程学院两个
学院。按照当时规定, 大学校长应由政务院呈请中央人民政
府任命, 但铁道部在政务院会议上提案未能通过, 因其时上
海有交通大学为教育部直辖, 如通过此案则校名确定, 似将
上海交大包括在内, 经多次讨论, 校名仍难解决。到了 1950
年 8 月, 政务院会议决定将中国交通大学校名改为北方交通
大学, 并通过校长人选, 呈请中央任命。后经中央人民政府
委员会第九次会议通过: 任命茅以升为北方交通大学校长,
于 1950 年 9 月 5 日填发任命书。我接到毛主席署名的任命
书后, 感到万分光荣, 因而想到, 这一任命书只我一人所有,
如能请毛主席为整个交通大学题名, 则全体师生员工, 不是

和我同样地都感到无限光荣吗，校部同志们全体热烈赞成，因而请铁道部函请中央人民政府办公厅，转呈毛主席为北方交通大学校名题字。这时北京大学、清华大学都已先后得到主席题字，我们继续呈请，好像很有希望。

1950年12月30日，我接到中央人民政府委员会办公厅的来信，附1951年1月1日下午六时在中南海勤政殿举行新年团拜并聚餐的请帖，信上说"请参加第一席"。我看见"第一席"这三字，立刻欢欣欲狂，因为知道毛主席一定是在第一席的。果然，在宴会上，我真的和毛主席同坐一桌。同在这第一席的有教育部部长马叙伦、中国科学院院长郭沫若、北京大学校长马寅初、清华大学校务主任委员叶企孙、师范大学校长林砺儒、辅仁大学校长陈垣等（以上凭记忆，容有小误）。在入座前周总理介绍我见主席时，主席听了我姓茅，就笑着说"我们是本家哪"。（在以后几年见面时，主席也常爱说"本家"这句话。有一次我说起，抗战初期在湘潭住过，主席又说，"那我们又是同乡了"，主席谈话中有时带有这样的风趣，令人感到更加温暖，如坐春风了）在席上主席与同座各位随意交谈，见了我时说："啊，你是交通大学校长。"我随将交大组织极简单地汇报了一下，接着我就说，交通大学全校师生员工都非常渴望主席能为我们校名题几个字，这在我们全校是最大的光荣，最大的幸福，主席当时笑着点头，表示许可，又极其谦虚地说："写得不好，为清华题的字，还有人有意见。"我当时向主席竭诚表示了衷心感谢，同时也激动得几乎说不出话来。在这次宴会后不久，果然，主席为我们校名题了"北方交通大学"六个字，由中央人民政府委员会办公厅送到铁道部，转发至交大校部。这题名的六个字是写在一张白色的宣纸上的，长约 20 公分①，宽约 5 公分。除校名六字外，无他字。

我向主席恳请题字时，本来意思是催请，但不好这样说，因而我当时的话，听上去好像是初次请题，比较容易措辞。北方交大是 1950 年 8 月定名宣布的，如果等过五个月，则1951 年元旦我才呈请，那就太不慎重了。而且我参加元旦宴会，事前并不知道，如何能等候这个机会呢？

校部即将六字照相，印了几份，发京唐两院，让各部门做校匾，做校徽。

我记得后来遇到上海交通大学来人，挂的校徽上的"交通大学"四个字好像是从主席所题六个字中模仿出来的，问起他们，果然如此，但不知是将原本借去模仿，还是将照片借去模仿的，这就不清楚了。如果将原本借去的，那如在校部撤销以前，就是从校部借出的，如在以后，就是从教育局借出

---

① 公分：厘米。

的,后来上海还来没有,几时还的,都可清查一下。我不记得我曾经手借出,但在 1951 年 4 月到 6 月间我因世界科协大会出国,不在北京,不知是否这时期内所发生的事。如果上海借去的是照片,那问题就不大了。

补充一点关于交大校部撤销的经过。校部成立后,领导京唐两院,所有两院院务,凡重大的都要校部批准,而校部又要转请铁道部批准,因而校部实际上成了一个"承转"机关,作用不大,两院都很有意见。因此,在 1952 年 5 月,铁道部部务会议就决定将校部撤销,两院归铁道部直辖,由部呈请政务院批准备案。铁道部撤销令到达后,校部即于 5 月 15 日结束,将人员大部调至铁道研究所,小部并到铁道部教育局。至于档案卷宗,则全部移交铁道部教育局。校部自成立至撤销,前后经过整整三年。

以上所记,仅就校部方面回忆,其具体情况,为铁道部与中央办公厅往来文件的日期等等,可从档案中查到。事隔十八年之久,记忆难免有误,此文仅供参考。

1968 年 10 月 24 日

不负教导关怀，努力继续革命

"我绝不辜负伟大领袖和导师毛主席对我的谆谆教诲、亲切关怀，誓当在我有生之年，加强学习毛泽东思想，努力改造世界观，牢记党的基本路线，对社会主义做出应有的贡献，争取在开往共产主义的大车上，尽我一颗微小螺丝钉的作用。"

这是我在猝然听到毛主席逝世消息后，在沉痛万分的时刻，响应党中央号召，所立下的誓言。我是在9月9日下午四时余，在日本东京听到这有如天崩地陷的惨痛噩耗的。当天，我们代表团在东京参加国际桥梁会议，我前往访问日本国有铁道总裁，谈未数语，忽然一位职员，匆匆进来报告，说刚刚听到北京广播这个消息。我顿时呆住了，无法相信自己的耳朵，连声问他是真是假，他说是真的，我一时哀痛欲绝，不由得放出悲声，失了礼节。陪我的高木总裁，立即表示哀悼,向我慰问。我匆匆辞别,怀着无比悲痛的心情,赶往我国驻日大使馆,和使馆及代表团同志们,在主席遗像前,含泪行礼,肃敬致哀。不多久,即见日本三木首相,前来大使馆吊唁。接着,日本政府官员及社会人士前来吊唁的,延至深夜,络绎不绝。第二天,9月10日,大使馆内外摆列的日本各界敬献的花圈,愈来愈多,从门口摆到大街上。

当晚,我思前想后,彻夜无眠。隔日,翻阅日本报纸,无一报不于9月10日将这消息登在头版头条位置,并发表社论。各报还同时刊登了许多纪念、歌颂毛主席伟大一生的文章,体裁之多,篇幅之富,十分惊人。有一期刊,于9月12日出版,在一百多页的内容里,有一半都是介绍毛主席对中国、日本和全世界的不朽业绩的。有很多公私团体,联名在各报上,登载整页广告,表示敬意和哀悼。

此后,至17日我们代表团返国,许多日本朋友特地来访,第一句话都是敬悼和慰问,有的泪下。我们代表团出外时,路上行人见我们服装及臂上黑纱,知道我们来自中国,有的停步,向我们做同情的无声表示。我们去买东西,商店的人,一见面也表示哀悼和慰问。有一家还用减价来表达心意。

日本人民对伟大的毛主席所怀的极其崇敬、极其沉痛的心情,深深地感动着我和代表团的每一个同志。

参加国际桥梁会议的各国会员,见到我们代表团的每一位同志,都握手慰问,表示对毛主席的敬仰。一位法国会员,为了要向我当面表达哀思,宁可不去参加大会组织的晚会,而来到我住的房间。美国《纽约时报》于 9 月 10 日的报上,除在头版头条发表消息和社论外,刊登了七整页半的纪念和赞扬的文章。还看到欧洲和东南亚一些报纸,其内容也相似。

我曾想,世界历史上,曾经有过一位中国人,受到全世界人民的如此哀荣吗?! 在旧社会饱尝了帝国主义压迫、欺凌的中国人民,对此除了悲伤,能不滋生一种翻天覆地的自豪感吗?

我参加追悼大会后,日夕哀思无限,二十七年往事,一一涌上心头。我的前半生是在黑暗的旧社会里度过的,但后半生却沐浴着红太阳的阳光。从 1949 年第一届全国政协会议起,我非常荣幸地在许多重要会议上,如一、二、三届全国人民代表大会及几次最高国务会议,见到伟大的毛主席,并亲聆教诲。最难忘的是主席所做的"关于正确处理人民内部矛盾的问题"的讲话。主席的声音,时常萦绕我的脑际,由此所受的教育,永铭心版。

1949 年 6 月,我在刚解放的上海,初次读到报上登载的主席的文章——《论人民民主专政》,耳目一新,顿开茅塞。从此认真学习主席著作,逐步接触到马克思、列宁主义。毛主席关于人民民主专政的精辟理论和所做的一系列重要指示，永远照耀着中国革命的道路。我经过反复学习和斗争实践，日益理解到"只有在毛泽东思想指导下的社会主义道路，才能救中国"的这条真理。

主席的谆谆教诲，在业务上给了我极大的鼓舞力量。《实践论》与《矛盾论》中所阐述的辩证唯物主义，为我们科学技术工作，指明了方向，给予武装。在这指导下，我才能对自然科学的《力学》，进行其中有关基本概念的研究。

主席历来十分关心铁路建设，对于全国交通计划，早已成竹在胸。1955年，我在研究铁路计划时，主席指示，在今后十五年内，我国要修通15条铁路新线，其中包括成都至昆明的铁路。果然，成昆线于1970年通车了。去年，我们参观成昆铁路时，看到那工程艰巨、举世无双的壮景，想到二十年前主席胸中的蓝图，已经实现，景仰之私，何言可表。主席对桥梁工程也很关注，曾问起过我，钱塘江桥是怎样在"无底"的江上建成的（杭州昔时谚语"钱塘江无底"）。主席鼓励我，继续搞桥梁，因为造桥是为人民做好事，这里包括精神桥梁，把世界人民团结在一起。从我学习到的主席有关铁路和桥梁的教导，主席在社会主义建设上的丰功伟绩，也是照耀千秋的！

我永远不能忘记，历年来毛主席、共产党对我的亲切关

茅以升全集 ⑦

怀。从 1949 年到 1971 年,主席见我握手谈话 12 次,每次我都心情激动,感到是毕生无上的幸福。主席见到我时,总爱称我为"本家",后知我在湘潭住过,又称我为"同乡"。1951 年元旦团拜聚餐,我非常荣幸地和主席同桌,席上我请主席为北方交通大学题字,当蒙首肯,交大全体师生,为之感奋不已。1956 年,主席在怀仁堂接见全体政协委员,其中科技组委员由我介绍,主席一一握手时,对各委员谆嘱学习和改造的重要性。主席在日理万机的余暇中,还看到《人民日报》上连载我写的《桥话》,并鼓励我继续写下去。有一次主席在天安门上接见群众代表时,已经走过我们面前,忽然停步,回首向我望了一望,即走回几步,和我握手略谈,然后再继续前进,我被感动得说不出话来。

主席最后一次和我握手谈话,是 1970 年在天安门上。那时主席精神健旺,容光焕发,谁知仅仅五年后,他老人家竟然会与世长辞了!我无法表达我的哀思悲痛!

伟大的领袖和导师毛主席永远活在我们心中!光辉的毛泽东时代,永远世世相传!

1976 年 9 月

回忆周总理

　　1949 年解放后,9 月 13 日在北京,我第一次见到周总理。在这以前很久,就听过他的名字,到了抗日战争期中,先在汉口,就知他是那时的军委政治部副部长,张治中是部长;后在重庆,又知他是驻白区的共产党总代表。在重庆的《新华日报》上,常见他的言论,犀利透辟,心仪其人。他住在曾家岩江边的一所房子内,我时常走过,可惜从未谋面。1946 年"国共"谈判破裂,他离开南京,报上发表了他的告别谈话,大义昭垂,凛然不可侵犯,我深表同情。上海解放前夕,我为人民做了一点工作,那也是一个动力。

　　1949 年 9 月 21 日中国人民政治协商会议第一届全体会议开幕,我在自然科学工作者的一组参加,于 9 月 8 日从上海北上,到京后住在华文学校。不日接到请帖,原来是周恩来与林伯渠两位首长,约请于 9 月 13 日晚,在御河桥军管会晚宴,大喜过望。到期前往,入门后见来客无多,迎面一个人走来和我拉手,旁边人介绍说:"周恩来同志。"我立即肃然起敬,赶忙自报姓名,他很客气地说:"是科学家,非常欢迎。"说着说着,后面有人来,他就和别人拉手去了。和我拉手说话的时间,不过一分钟,但这一分钟我觉得很长,而且思潮起落了不知多少次。首先,他的外表和举止,马上给我留下了极深刻的印象。过去我不曾留意,是否在报上见到过他的相片,但在我脑海中,一直认为他是位刚强威武,令人望而生畏的革命家。岂知见面之下,他满面春风,谦虚和蔼,加以讲话的苏北口音,和我的乡音不远,我不但感到轻松,不再拘束,而且好像是见了一位多年不见,不甚记得他容颜的老朋友,也就是说,简直和他"一见如故"。他的两道浓眉,一双锐眼,在别人面上可能显得严肃倔强,但在他面上却衬托出一位热情洋溢的人。他听我名字,就知我是搞科学的,只这一句话,就可见他对科学的关心。

人到齐后,全往隔室入席,共三桌,皆系来京参加政协的代表,每桌十人,我在第一桌,第二座,首座是湖南起义将领陈明仁先生。我们这桌的主人就是周总理。席上,他和我谈话最多,从上海解放到旧社会的教育界,他一面问我一面答,我不由得感到他的知识渊博,思想敏锐,而且所谈内容,都有分量,决非一般寒暄可比。有时他不在意地更正我所用的字眼,如我说"国立大学""国有铁路",他就说"人民大学""人民铁路"等等,从此也可见他在谈判中的艺术,因为我当时只感到事所当然,而毫不介意。

第一届全国政治协商会议于1949年9月21日在怀仁堂开幕。9月22日,周总理代表主席团做报告,又做关于全国政协共同纲领起草经过及其特点的报告。我听了觉得他的口齿清楚,声调有节,非常吸引人的注意;至于报告内容,条理分明,说服力强,我以前从未听过。我还记得当时全场的人,都肃穆倾听,鸦雀无声,可以肯定,对每个人都进行了一次教育。不但报告内容,而且做报告的姿态,都使我念念不忘。

从那时起,几乎每年我都听到至少一次的总理报告,在历届全国政协大会,历届全国人民代表大会和其他各种社会活动的大会上以及国庆、劳动节及招待外宾的各种招待会上。凡是听过他的报告或讲话的人,无不感到他的辩才无碍,风度迎人,为之倾倒和鼓舞,认为是终身幸福,极大光荣。我很荣幸地参加了历届全国政协的全国委员会和历届全国人民代表大会的常务委员会,因而和总理的接触机会较多,他对我的关怀教育,我感激得无言可喻。现仅就几个小故事,来追述我对他的仰慕。

1950年9月,中央人民政府发表我为北方交通大学校长,其任命通知书由毛主席签名,按手续是由当时政务院周总理提名,经政务院会议通告后上报任命的。

1951年1月1日下午六时在中南海勤政殿举行新年团拜并晚宴,中央各部门负责同志均参加,人数在50桌以上。我因是大学校长,被安排在第一桌,与毛主席同席。当周总理介绍我见主席时,说我是茅以升,主席就笑着说"那,我们是本家哪",总理说他是"草头茅",主席说"我知道——还是本家",以后主席见我,还时常称我是"本家"。

1951年3月,中国科学院组织代表团,往法国巴黎参加世界科协第二届国际会议。临行前,代表团团长梁希,团员曹日昌、张昌绍、谷超豪和我,往见周总理请示,总理在中南海他的办公室接见,和我们谈了一个钟头之久,做了详尽指示。他看了代表团在大会上的发言稿,当时修改了几句话,并留下一份底稿。这是我第一次亲聆总理的教益,感到他真能洞察形势、抓住要点,做出最适当的对策。我们出国后,由于法国阻挠,我们代表团不能往巴黎,和当时其他社会主义国家,在捷克布拉克,与到巴黎的国家,双方代表同时开大会。可以预见,大会上的斗争,一定激烈。总理知道了这个情况,在大会开幕前,特地来一电报,指示代表团发言稿中,应再做哪些修改。可见总理对这样一个不是特别重要的国际会议,如此用心,他对一切国家大事所费的心力,就可想而知了。会后我想乘便往瑞士探望我子于越,由代表团电总理请示,总理回电同意,并说另电瑞士我国大使馆,给予照料,我听了深深感激总理对我的信任和关怀。

1951 年秋的一次政务院会议上,讨论铁道部提出的武汉长江大桥筹备方案,总理亲自主持,邀我列席参加。对于大桥的设计、施工,总理问得非常详细,特别重视安全、维修及运输效率等,经我扼要解说,并对总理提的问题,一一答复,总理表示满意,并说:"你有造钱塘江大桥的经验,希望你对这座大桥多多出力。"我听了深感光荣,又认识到责任之重。

1956 年 4 月,全国科联组织文化友好代表团,往意大利、瑞士、法国访问,侯德榜为团长,冀朝鼎和我为副团长。7 月初在瑞士得新华社讯:全国人大开第一届第三次大会,于 6 月 29 日大会上,我被选为常务委员会委员。全团向我道贺。回国后才知道,人大常委中,代表九三学社的许德珩同志,因担任水产部部长,不能兼任常委,遗缺由周总理提名,让我代表"九三"参加。后来,我连任第二、第三、第四届的人大常委,恐怕也都是由总理提名或同意的,总理对我的爱护督策,不知何以为报。

1956 年 9 月 25 日,北京市政协组织成立北京市留美学生家属联谊会,我被选为会长。1957 年 5 月 10 日,联谊会在北京饭店举行联欢晚会,约请当时留美学生家属及在京的历年留美同学及家属参加,实际是总理指示举办的。总理在晚会上,对一千多听众讲话,号召在美国的中国同学,回祖国服务,并说"来去自由,不分先后"。讲话后和到会群众,一齐观看演出节目,夜深始散。来宾还有副总理及部长、副部长多人,我因是会长,主持大会并招待来宾,异常忙碌,不免顾此失彼。这次总理和我谈话甚多,对争取留美学生回国,做了重要指示。我家蕙君及于美、于燕、徐璇、吕世传等均来参加晚会,总理一一接见拉手,略道寒温,大家引为无上光荣。

1959 年 10 月 1 日为建国十周年国庆节,北京市兴建了"十大建筑"来纪念,其中人民大会堂工程,最为重要。会堂的宴会厅准备招待五千人用餐,故全厅中无一根柱子,结构非常复杂。北京市为了集思广益,约请全国建筑结构专家 71 人,组成结构与建筑两组,分别审查大会堂的结构建筑设计,我为结构组组长。周总理对大会堂工程,非常重视,特别是宴会厅在二楼,一定要能保证安全。结构组审查设计完毕,由铁道部汪菊潜副部长等向总理报告,总理最后说:"要茅以升组长来个签名保证。"好像没有我的签名,他不放心。我送出报告后,真不免提心吊胆,因为设计虽好,还要靠材料和施工,问题复杂。9 月 30 日晚,在宴会厅举行盛大招待会,庆祝国庆,出席者五千人,我在座上,始终心神不宁,直等到国庆庆祝大会过后,大会堂的礼堂和宴会厅都安然无恙,我这才放心,感到对得住周总理。

1960年,苏联撤走专家,撕毁合约,想在科技上卡我们。在1961年的一次政协会议上,总理对这问题,做了简要讲话,会后用餐,我与总理同桌,他就和我谈起提高科技水平问题,我说这主要在科学理论,至于技术实践,在"两条腿走路"方针指引下,完全可以跟上工农业的发展,他听了颇以为然。后来又有几次和我谈到这个科学理论问题,可见他对此的关心。特别在1964年1月,我向总理提出,设法动员在美国的中国专家,回祖国服务,(这也是一种"自力")并草拟了一个初步方案,大意是给专家们在国内的特别照顾,如政治学习、子女教育等问题。总理听了就叫我和张劲夫副院长讨论,因为那时正在审查"十年科学规划"及实施方案。张副院长表示赞成,但说对理论问题,多方意见甚多,须等待适当时机,再向总理提出。后来我的方案,就无下文。

1962年2月17日至3月13日,国家科委和中国科学院,联合召开广州会议,商讨制定关于"十年科学规划"问题,来广州参加会议的有全国各地的科学家二百多人,我以全国科协副主席,主管科普工作,而参加大会主席团。周总理特自北京赶来,在大会上做了关于发展科学的极其重要的报告,参加大会的科学家们,受到极大的鼓舞。陈毅同志曾任国务院科学技术规划委员会的主任委员,这次也来广州参加会议。周总理在大会上报告后,即赶回北京,行前托陈毅同志,对他报告中未尽之意,向科学家们转达。陈毅同志随即在大会上做了长达三个钟头的发言,解答了各方面所提的重要问题,在提到各人最关心的关键问题时,他言辞坦率,诚恳动人,无异披心沥胆,全场听众,无不深为感动,甚至有掩面饮泣者。当然,他说的话,就是周总理要说的话。在周总理和陈毅同志临别谈话时,我适在旁,还有几位主席团的同志,就聆到总理付托给陈毅同志的几句话,无不深深感佩他们两位爱护科学家的革命精神。

1963 年 7 月,全国人大常务委员会,在听过周总理在会上所做的一个工作报告后,将常委们分成四个小组讨论,我在讨论教育的第四组,郭老沫若是组长,成员有各方面关于文教科学的同志们。我在这小组会上发言,大胆指出,我们是社会主义国家,但解放后所实行的教育制度,名为学习苏联,而实际上就是资本主义的教育制度,这个上层建筑与它的经济基础,完全不适应。接着,我在会上简单介绍了我写的一篇关于教育的文稿,题目是"建议一个社会主义服务的教育制度",大家听了,非常感兴趣,郭老就要我把这篇稿子给他,以便印发各委员。后来常务会各组将讨论情况,汇报周总理,我那一篇建议也送了去,请总理审阅。总理在一次常委会的全体会议上说:"各组讨论情况都知道了,将来逐一答复。茅以升委员关于教育制度的建议，也看过了，觉得很好，有共产主义思想，但一时还不易实行，可将他的建议，多印几份，发交各有关部门研究。"常委会就把我这建议，印了300份，发交各有关部门，送给教育部门的特别多。后来这事又没有下文了，据说是教育部不赞成。但总理后来和我一次谈话中，还提到我这建议。

1964年秋，有一天我往飞机场接外宾，因飞机到时特早，来不及在家早饭，到飞机场后，见时间尚有余裕，就往飞机场的餐厅吃早点。入门后，见餐厅空旷，好像无人，只见远远一桌旁，有一人坐着吃饭，走近一看，不由得大吃一惊，原来就是周总理一人独食，旁无别人。我怕惊扰他，就在他背后较远的地方入座。我正吃着，忽然周总理出门时，见我一人在座，就走过来和我拉手，并且看了一下手表，就在我对面坐下，和我谈天。他说，昨晚有一位英国科学家，和他谈科学理论问题，都是些形而上学观点。总理问我知道这位科学家吗，我说不知道，总理就问我对科学理论的意见，我就把我1961年在《光明日报》上发表一篇文章《试论专门科学与专业科学》简单介绍了一下，话未谈完，有人来对总理说，飞机快到了，总理就很抱歉地和我握手后，走出餐厅。这虽是一件小故事，但足见总理的不耻下问，团结群众的工作作风。

历年来，每逢国庆节和劳动节的晚会，我都接到上天安门城楼的请帖,帖子里附带一句"可偕夫人及幼年子女",因而我总是偕同蕙君及孩子们前往。但自 1962 年病后,蕙君身体渐亏,并非每次都去,我只带孩子们前往。1967 年蕙君去世后,我偕桂云君赴会,见到总理,我就介绍一下。后来一次晚会,云君未去,总理和我拉手时,四面望了一望,问我:"夫人没有来?"我立即感到他的热情,亲若家人。当时我四周有好多位女同志,但总理都能识别,也可见他的记忆力,是如何地惊人!

1972 年 9 月,日本首相田中角荣访华,周总理在 9 月 25 日举行欢迎宴会,我很荣幸地被邀参加。先到人民大会堂的上海厅休息,总理已经先到,和大家谈了一会儿,就说:"我们去吧。"让大家出门,见到我时,说"先去照相",原来客人来时,先在楼梯上面厅堂照相,然后到休息室小坐,再去宴会厅。这时大家在厅堂等候,总理走来走去,到处察看,有时和随从的人,说一两句话,又时刻看手表。等到田中首相代表团到时,总理就在楼梯上面迎接,然后陪客人照相,我们跟着客人,在后面排队。照相后同入休息室,有人向田中首相为我们——介绍。后来,1973 年我们代表团访问日本,到外务省时,他们的法眼次官,还提到这件事。

1975 年 1 月 13 日,第四届全国人民代表大会第一次会议开幕,我由交通部选出,作为上海市代表参加。大会筹备会选我参加主席团。这天晚上,我们从京西宾馆,来到人民大会堂,只在西大厅休息,和主席团各位见面。到开幕时,大家鱼贯入大会堂的礼堂。这时我适在厕所,等我回来时,人都几乎走空了,我赶忙跟上进礼堂。不意礼堂门边,立着几位领导同志,先是周总理和我拉手问好,拉手时眼看着我说道:"你比我大一点吧,好像是大一岁半。"我说"正是","总理的记忆力真是了不起"。他笑了一笑。这时他面容虽然有些消瘦,但精神很好,依然是平常的风度。大会上做报告时,声音洪亮,也和往年一样。哪里想得到,还不到一年以后,他就与世长辞了!这次他和我的谈话,竟然是最后一次的谈话!

总理逝世的消息震动了全世界。在国内,全国人民的悲痛情况,北京可为代表,上百万的人,不顾深夜严寒,在人民英雄纪念碑前,和天安门往八宝山的大道上,肃立默哀,痛悼我们国家民族的这位领导人!全世界报刊上所登载的挽辞,数量之多,语意之深,史无前例!然而,所有挽辞,都还不能完全表达我心中的哀思和敬意!

亲切的关怀，难忘的教诲

——纪念敬爱的周总理逝世三周年

敬爱的周总理离开我们整整三年了，值此党的十一届三中全会胜利召开，中美两国正式建交之际，我们更加思念这位与伟大领袖毛主席一起为我国的四个现代化和中美建交奠基的历史上的巨人。

总理在世时，曾多次接见过我。我有幸当面聆听总理的谆谆教导，深受教育和鼓舞。今天回忆起他和我的每一次晤面、谈话以及讨论问题的情景，光辉形象栩栩如生，音容笑貌历历在目。

我第一次见到总理是在1949年9月13日，那天已是全国政协第一次会议开幕前夕，我应邀参加周总理举行的招待会。入场后，总理迎面走来和我握手，我很激动，赶忙自报姓名。总理慈祥和蔼地说"是科学家"，"非常欢迎"。使我感到总理平易近人，一见面就好像是遇到了阔别多年的知己，亲切而又温暖。入席后，总理和我谈话，从上海的解放一直谈到旧社会反动统治下的教育和交通。总理思想敏锐，知识渊博，论断精辟。我是一个从旧社会来的知识分子，言谈中有些用语流于习俗，比如我说"国立大学""国有铁路"时，总理用"人民大学""人民铁路"的字眼来纠正我的用词，表现出鲜明的无产阶级立场，使我立即受到教育。

敬爱的周总理对于一切愿意为社会主义革命和社会主义建设效力的知识分子，总是热情地鼓励他们发挥所长，积极为党和人民多做贡献。1951年秋的一次政务院会议，讨论铁道部提出的武汉长江大桥筹建方案，总理亲自主持会议，并邀我列席参加。对于大桥的设计施工，总理问得非常详细，会后对我说："你有造钱塘江大桥的经验，希望你对这座大桥多多出力。"我听了以后，感到十分激动和惭愧，总理日理万机，对大桥的建造如此关心，还亲自做我的思想工作。会后，我极受鼓舞，觉得应该加倍努力工作，才不辜负总理对我的期望。

为庆祝建国十周年，北京市兴建"十大建筑"，其中人民大会堂工程最为艰巨。当时为了集思广益，约请全国建筑结构专家58人，组成结构与建筑两组，分别审查大会堂的结构与建筑设计，我担任结构组组长。总理对大会堂工程非常重视，一再指示要保证安全。结构组审查修改设计完毕后，向总理做了报告,总理指示说:"要茅以升组长来个签名保证。"我将签名报告送上后,更体会到总理对社会主义事业的责任心和他对我的高度信任。

总理生前认真贯彻执行毛主席的革命外交路线,亲切地关怀在国外的我国科学技术人员,真是呕心沥血。记得1956年9月25日成立北京市留美学生家属联谊会,我被推为会长。1957年5月10日,联谊会在北京饭店举行晚会,约请当时留美学生家属和在京的历年留美返国的同学及其家属参加。晚会是总理指示举行的,到会的有各位副总理及各部部长。周总理也亲临参加,在晚会上对一千多听众讲话,号召在美国的中国学者专家回祖国服务,并说,"不管回国先后,一视同仁,而且来去自由。"这个号召,产生了巨大而深远的影响,听众无不深受感动。讲话后,总理又和到会群众一齐观看节目,和我长时间地亲切谈话,至今铭记心怀。此后总理又根据毛主席的统一战线的光辉思想,提出"爱国一家""爱国不分先后"的号召,在国内外引起强大的作用。今天在欢庆中美建交的大喜日子中,我格外缅怀总理的丰功伟绩。

为了高速度地发展我国科技事业,总理从大计方针到具体措施,无不亲自过问,关怀备至。二十几年来,我对此印象极深。1960年苏联撤走专家、撕毁合同,妄图从国民经济和科学技术上卡我们的脖子;针对这一情况,我向周总理建议,动员在美国和其他资本主义国家的华裔专家返国,为祖国的社会主义建设事业服务,从而粉碎苏联的破坏阴谋,深得总理的嘉许,他当即责成我提出动员专家返国服务的具体方案。1964年秋,有一次周总理和我同在机场迎候外宾,他又主动过来与我握手、谈话,告我他昨晚与一位英国科学家讨论科学理论问题的情况,并征询我的意见。我把那时我在《光明日报》发表过的《试论专门科学与专业科学》一文的内容,向他做了简要汇报。他频频点头,表示赞赏。1962年春,国家科委和中国科学院联合在广州召开会议,商讨制定科学规划的问题,总理和陈毅副总理特地从北京赶来,先后在大会上做了关于发展科学事业的极其重要的报告,参加大会的科学家受到极大的鼓舞。周总理由于有事要赶回北京,临行前委托陈毅同志将他讲话中未尽之意再向大会转达。当时我适在旁听到,深感总理对科学家的关心、爱护,无微不至。陈毅同志随即在大会上做了长达三小时的讲话,解答了科学家们最关心的几个问题,其中有许多话是总理委托他说的,与会同志听了无不深为感动,有的科学家甚至激动得流下眼泪。

我最后一次见到周总理是在1975年四届人大开幕前。那时总理亲切地对我说:"你比我大一点吧,好像是大一岁半。"我说:"总理的记忆力实在惊人。"他笑了笑,万万没有想到这短短的几句话,竟是他和我的最后一次谈话了。

　　敬爱的周总理讲话谨慎,平易近人,为党和人民的崇高事业鞠躬尽瘁,死而后已,他的这种高贵品质是我永远难忘的。我所忆及的几件小事,在他革命的一生中,只是沧海一粟,但从这几件小事中,便足见总理为人的伟大。我决心学习总理的光辉榜样,牢记总理的谆谆教诲,把有生之年,全部贡献给祖国的科技事业。

敬悼朱德委员长

　　自 1959 年朱委员长主持人大常委会以来，每次常委会会议上，我都亲聆到委员长的讲话，历时十七年之久，深受教育，无时或忘。

　　在每次会议结束时，委员长常说"我来讲几句"，多系关于政治和哲学方面的指示，时常引述马列主义及毛主席著作中的教导，非常精辟，有时因时间关系，仅二三数语而含义深透，闻之如饮醍醐。1961 年欣逢党的四十周年，委员长作诗庆祝，有句云"三座大山齐推倒，两重革命一肩担"，加强了我们对党的拥护，对社会主义的信心。委员长对伟大领袖和导师毛主席推崇备至，在会议上讲话中经常提到，启迪我们如何能坚持毛主席的革命路线。在一次讨论政府工作报告中关于五年国民经济计划的时候，委员长特别提到科学技术的重要性，说"委员们中的科学家，责任重大"，我深深体会到他对科学技术工作者的关怀,同时也受到鞭策。

　　1976 年 7 月 6 日下午,在人大常委会上,我忽然听到委员长与世长辞的噩耗,如晴天霹雳,万分悲痛,不由得联想到我们敬爱的周总理年初的逝世,两位巨人同我们先后永别,为何国家不幸,一至如此?

　　委员长的遗愿"风雷兴未艾,快马再加鞭",必将深入人心,委员长"革命到底"的精神,必将永放光芒!

记柳翼谋师

　　我童年生长于南京,在 1911 年北上投考唐山路矿学堂之前,曾在南京读过三年小学,五年中学。在这八年中,国文、历史两门课程,都受教于柳翼谋先生。我的文学和历史知识,是在柳师的启迪熏陶下,打下基础的。其后,1922 年,我任东南大学工科主任,柳师亦先一年受聘为东大文史地部历史教授。1948 年,我当选为南京国立中央研究院数理组院士,柳师亦当选为文史组院士。前后三十余年间,自髫龄受业,乃至讲坛共事,师生情谊,久而弥笃,回忆旧日斋堂灯火,宛然如在目前,而先生谢世二十八年矣。追述思益小学和江南中等商业学堂旧事,存此一段史料,特为记之。

　　思益小学建于 1903 年,当时叫做思益学堂,是南京最早的一所新式小学校,由于任课的教师都是社会上有名气、思想上倾向革命的青年学者,人们说它是江南才子办的学堂,深受当时文教界人士所推重。那年我九岁，原在家中从我母亲课读，祖父也有时教我读文章、写大字。思益学堂开办，我便考取入校读书，校址在中正街庐江会馆，校长是陶逊先生，教算学的是位支先生，教国文和历史的就是柳先生。他那时大约二十三四岁，原在南京江楚编译总局担任编辑教科书的工作，曾编《伦理教科书》《女子修身教科书》和《历代史略》等书，其中以《历代史略》一书，最为人所传诵。我从先生学习历史，就是用的这一书为课本。另一位国文教师是梁公约先生，他能诗、工画，当时文化界人士所用的折扇，以能得到柳先生的字，梁先生的画，便称"双璧"，向人夸耀，亦可见两先生才名之盛。

柳先生和我家有几代世交。先生就聘于南京江楚编译总局，就是出于我祖父的推荐。最近，柳曾符教授将他家收藏的我祖父写给柳先生的书牍墨迹，给我看了。现将这三封信的原文照录，以见老一辈重才爱才之心，又对我国学校教科书的早期编选，报人曾起过传播作用，提供了可贵的史料。

函一（这三封信约写于1901年）：

办报思想，近日日出不穷，译小说、译报都成习见。昨有皖友言在芜湖办皖报，其附章则刊中外学堂讲义，以为内地办学堂无教科之书，此项讲义他日即为购者必须之物,弟深韪其言。顷已将此义叙一本官报特别之广告,大旨谓附刊中外讲义,以便内地学堂教课之用,即北洋附学报一门之意也。尊处多日本教科书,即希择译一二种,如婵联赐教早稻田学校讲义之类,于本报最为合用,并不必缮东报之文,盖东报至此处翻出,业已旧矣,不如讲义之有实用也。

两诨

函二:

翼谋仁兄世大人阁下:秋仲与陈善余弟在镇侍缪筱山师游屐,得读大著,词章经术,淹洽过人,钦挹无既。其时已悉省中有译书之举,善余殷勤推毂,弟亦心悦赞成,前月之二十六日筱山师由常道镇,善余弟适回鄂馆,弟周旋杖屐,即随返省寓,获聆译书一席,乃刘聚卿观察同年主外政,筱山师主内政,筱师并示延聘通人一切。日昨午后诣钟山书院,筱师谈及现将开办,需人襄理,崇质堂弟已就馆于筱师所,代为料检采撷,筱师因言吾兄可先请来省,即与质堂同住,并命弟代作一官样聘函,付之书手外,弟再加一亲笔信劝驾,以昭郑重。吾兄如目前有暇,可即日附轮来省,登岸雇一东洋车,一直马路入钟山书院。崇质堂住讲堂左楹大窗楅房内，叩窗即闻。质堂不多出外。筱山师为吾省会山长，弟与善余向肄业南菁，固为弟子，今兹学者，亦当执弟子之礼，用大红单帖写受业柳某。如质堂或出，由书院斋夫引见可也。此信恐镇江城内信局羁迟，乃由敝商务公所速递，祈能早到为是。至修脯似较学院幕席为丰也。敬叩侍祺不一。

世愚弟茅谦顿首　九月初二日

函三：

　　翼谋仁兄世大人阁下：初二日发一函，系代缪、刘两公谆请命驾来宁垣译书局赐教。此件内两函，一系官样聘函，用缪、刘两公下款，一系弟所加函。此件乃命镇江商务公所弟之佣仆即送入城，唯恐信局迟误耳。兹闻已定初八日开局，其名曰江鄂译书总局，江鄂两督合办。所延诸先生已函促速来白下。吾兄席面乃是分纂，月脩三十元。慈恐前信未告明开局之日，从者尚迟迟赴省，特为速驾，务希见函束装（可便衣，无庸带衣冠，有现成带亦无妨）。轮舟抵下关，则雇一东洋车，一直马路入钟山书院，行囊即置于讲堂东首之房，乃大窗楅之房间，西面即崇孝廉朴所居，崇君亦在译书局座中，而兄之位置较优，可见鼓钟闻外，缪师赏鉴自异寻常，大小儿乃登亦附鳞翼，弟并不在座，固属老无学殖，亦以有犬子在局，不能兼图，且总办交厚，不敢多求，以避嫌也。缪师刘公约于初十外即同往沪购书，又将往鄂见香帅，兄宜速来，方能接洽（见缪师用大红单帖，写受业柳诒徵五小字，因缪公曾为江阴南菁书院山长，今又为省会山长，固当以师礼事之。见刘公则可用红全简于靠边向上写柳诒徵三字，不必过小，约如《三字经》"人之初"三字之大。向来学院幕客见东家之式也）。此问文佳。

弟茅谦上

1906年，我小学还未读完，就考进了江南中等商业学堂。这所中学，由当时名人张季直、黄思永先生先后任监督，柳先生受聘担任国文、历史教师。因此，我的小学三年、中学五年，都是在先生的辛勤教导下完成学业的。其后先生历在南京高等师范、河海工程学校、东南大学、东北大学、北京女子大学、北京高等师范学校主讲，一时学者如宗白华、陈方恪、缪凤林、束世澂、王驾吾、胡焕庸、唐圭璋诸先生均先后出自先生门下，有名于世。而我自少年就学之初，即承名师指导，得窥文史学科之堂奥，先入为主，感到终身受益。

　　回忆当年初入校门，第一次上柳先生的课，便产生一种严肃感。课堂订有一套规章制度,老师一进课堂,学生起立,师生相对鞠躬,然后老师坐下讲课,学生坐下听课,一瞬间师生肃然相对,好像是准备静心听讲的前奏。现在小学生上课,也要先喊声起立。这一课堂礼节,早在八十年前已经建立,说明是个好制度。柳先生讲课时声如洪钟,目光四射。讲课深入浅出,层次分明,并且主题鲜明,用语生动,使人听得入神,津津有味,而且系统性强,容易记忆。后来有人形容先生在大学讲课时"口若悬河,滔滔不绝,目光炯炯,长髯飘拂"。引起我对先生青年时代上课情景的回忆,他那铿锵有力的语调,似仍回响在我的耳际。

我在读中学时,学校规定必须住校,功课很严,经常要进行测验,晚间自习,必须自觉地认真复习。记得曹觉民同学考试成绩最好,经常考第一,而我仅列在前十名,并且上下于第八名、第十名之间。因为我爱课外书,如严复所译的《天演论》和梁启超发表在《新民丛报》上的文章。柳先生不反对读课外书,不主张读死书,有时在自习时间,复习完了,读点课外读物,柳先生是不加过问的。我从先生受业八年,感到最大获益之处,是在治学方法上从勤从严,持之以恒,并认识到"知识本身只是一种工具,知识之所以可贵,在于它所起的作用",这对我数十年来治学治事都有极大的影响。

先生毕生致力文史,著作等身,但对自然科学亦极为重视,曾参加中国科学社为社员,出席各种学术会议。1937 年春间,先生到杭州钱塘江桥工地参观,极感兴趣,赠我七言古风一首,以《茅生以升邀观钱塘江桥》为题。

秦皇鞭石不入海,　　钱江浩浩三千载。
吾门茅生短且悍,　　麾斥风霆泣真宰。
手提八百钢铁梁,　　齿衔轮凑随圆方。
植之波窟数十丈,　　高栋矗立天中央。
泺口郑州安足比,　　彼藉客卿此自起。
万夫邪许忘昕宵,　　粤赣宁苏旋通轨。
潮为人用永载桥,　　锋车坦坦潮头驶。
杭人惊诧破天荒,　　钱谬铁弩诚无俚。
嗟乎读书嗜考工,　　轮舆图疏攻难通。
茅生绩学乃祖风,　　水工独步江之东。
为予摄影临长虹,　　真人天际招髯翁。
誓将从汝江头镇蛟蜃,悔绝当日牖下笺鱼虫。

　　诗中钱塘江上的第一座大桥,给予应有的评价。"植之波窟数十丈,高栋矗立天中央",是深水立基之艰。"泺口郑州安足比,彼藉客卿此自起",这对当日奋战于惊涛骇波中的全体职工,又是何等的鼓舞。诗之结句"誓将从汝江头镇蛟蜃,悔绝当日牖下笺鱼虫",更是含有深意;曾有人说,这是柳先生赞扬他的学生的成就,而把他自己淹通经史的学问,比作寒窗下笺注鱼虫的末事形成强烈的对此。我的理解却不如此,而是应从当时的时代背景,去深刻理解诗人的感慨之怀。原来自从戊戌维新之后,中经政变,不久辛丑和约对朝野之严重打击,在我国知识界里激起救国图存的热潮,因此有了"教育救国""科学救国"的口号,一时有志之士,确是在这两个倾向革命的口号下,深信不疑地做出不屈不挠的努力,但铁的事实、血的教训,终于失望彷徨,卒日趋于消沉。先生在彼时彼地发此感慨,是不足为怪的。否则"悔绝"两字,应作如何理解呢? 而"镇蛟蜃"的一词何所指,这弦外之音,也就不难理解了。

自此以后,先生在日本侵略炮火之下,不顾个人安危,将经营多年的国学图书馆藏书廿四万余册,辗转迁徙。抗战胜利后,重回南京,收回劫后余书,重新整理编目,保存了祖国善本图书,迎接全国解放,先生的夙愿,终于得到实现,而先生有关文学、史地以及图书馆学的大量著作以及校刻古籍之业,对近现代文史的学术研究,影响之久远,自不待言,必有能详言之者。

原载《柳翼谋先生纪念文集》,镇江市政协文史资料研委会,《镇江文史资料》第十一辑,1986 年

孙中山先生给我的启示

　　青年朋友们,你们生长在社会主义的新中国,从小就受到良好的教育。你们见到的祖国,独立昌盛,前程似锦,每一个愿意报效祖国的青年人,都有大显身手的广阔天地。这一些,在今天似乎是很平常的,而在我们老年人看来,却是多么值得羡慕啊!

　　我出生在清朝末年(1896 年)一个寒士家庭里,祖父是个举人,父亲很年轻时便考中了秀才。但我因兄弟姐妹多,自幼家境贫寒,衣食不继。我 10 岁进中学,经常因不能按时缴学费和食宿费,而遭到有钱同学的讥讽。这对我的刺激很大,使我从小就深感社会的不公平,心想:你们凭什么神气?无非是家里多几个钱。比钱,我比不过你们;但是,比脑筋,我不见得比你们笨。为了争这口气,我发愤读书,准备长大了同那些纨绔子弟比一比高低,看究竟谁有出息! 因此,我从中学开始,学习成绩一直名列前茅。

我的青少年时代,是在本世纪初、中国近代史上充满耻辱的年月里度过的。从我懂事起,就接连不断地听到腐败无能的清政府同外国人签订不平等条约、割地、赔款等等令人丧气的消息。祖国任人宰割,山河破碎,在我幼小的心灵里总是充满着对祖国前途的忧虑。面对帝国主义的欺凌,清政府一副奴颜媚骨;而对革命志士却凶残暴虐。在我11岁那年,秋瑾、徐锡麟反清起事不成,惨遭杀害。消息传来,我和同学们都悲愤填膺,我当众剪掉了拖在脑后的辫子,以示抗议。秋瑾烈士临刑前写了七个字:"秋风秋雨愁煞人。"一个"愁"字,把烈士置生死于度外,忧国忧民的心情深刻地表达了出来。也表达了当时我们这些关心着祖国前途命运的青少年的心情。

我的祖父和父亲思想都很进步,对腐朽的清政府痛恨之极,赞成改革政治、经济和教育,希望祖国能够独立强盛起来。祖父曾写过《变通小学议》《水利刍议》等著作(这几本书北京图书馆还保存着),对小学教育、水利工程建设提出了改革主张,今天读来仍有一定的价值。我的祖父、父亲和大哥先后担任过中国最早的报纸《中外日报》《申报》《南洋官报》等的总编纂和记者,父亲还因为写了触及时弊的文章而险遭逮捕。由于祖父和父亲的影响,我在年幼时便萌发了反帝反封建的思想，并且逐渐树立起振兴中华的志向。

　　1911年秋天，我15岁时，考取当时国内著名的工科大学——唐山路矿学堂（唐山交通大学的前身），并选择了桥梁专业。开学不到三个月便爆发了举世闻名的辛亥革命，我的父亲和叔父都参加了革命军，在攻克南京的战斗中，父亲担任"江浙联军"秘书长，二叔任参谋长。我的好朋友裴荣也离开学校投笔从戎了。革命风暴席卷全中国，1912年元旦，孙中山先生就任中华民国临时大总统。历史翻过了划时代的一页，中国历史上第一个民主共和国诞生了！大清王朝的末代皇帝溥仪被赶下了宝座，中国经历了两千多年的封建君主专制统治崩溃了。这时的我，热血沸腾，也想弃学去参加革命军，谁知我母亲听到消息后坚决不同意，马上写信给我，说："你比裴荣小两岁，还不够参军的年龄，你应当先学好本领再去革命。"在信的最后还严厉地写道："若废学，且不以你为子。"母亲的信引起了我激烈的思想斗争。因为我的母亲是一个明大义、有见识的女人，我对母亲一向是非常孝顺的。她在14岁时，便有"缇萦救父"的美名，当时我的外祖父被人诬告入狱，她亲写状纸到官衙为父申冤，县官见状子写得有理有据，又是出自这样一个小女孩之手，居然大受感动，为外祖父的冤案平了反。我在中学时，因不满清王朝镇压革命者愤而剪掉辫子的那件事，被世俗认为是大逆不道的行为，当时学校还给我记了个大过。母亲却非但不责备我,反而夸我有志气,做得对!反清的革命运动,母亲是拥护的,她支持父亲、叔父投身革命,可是偏偏不同意我去参军,这是为什么呢?我若不参军,又怎能为革命出力呢……我陷入了深深的苦闷之中。

一、中山先生的指点

正在这时,我有幸亲聆了孙中山先生的教诲,决定了我一生的道路。

辛亥革命胜利后,孙中山先生强烈地意识到,"中国存亡之关键"在于经济上一定要独立、要富强起来,要把一个贫穷落后的半封建、半殖民地的中国改造成为工业化的强国。他悉心研究了欧洲经济发展的道路,着手制定了一份《实业计划》,指出了发展中国实业的途径、政策和计划,这是一个以国家工业化为中心的、使中国国民经济全面现代化的大规模建设计划。在其中的"十大建设"计划中,第一项就是"交通之开发",第三项是"建设全国铁路系统和新式街市",他把发展铁路交通运输事业放在经济建设的首位,是很有见地的。

1912 年秋天,孙中山先生风尘仆仆地来到唐山路矿学堂视察,这是他一生中视察过的唯一的一所学校。他亲切地接见全校师生,还发表了振奋人心的演说。他指出,中国的腐朽的封建王朝覆灭了,建立了民主共和国,这是中国将走向强盛、自立于世界民族之林的历史转折点。但是,要改变我国贫穷落后的面貌,建设一个政治清明、人民安乐的国家,任务非常之艰巨。我国土地辽阔、资源丰富,在科学技术方面曾经是领先于世界的;可是,近百年来,由于清政府的腐败无能,帝国主义列强侵略,致使我国近代的科技、经济等,事事落后于人,中国要想富强起来,与欧美并驾齐驱,还要花很大的力气开发资源,办工厂,实行大机器生产发展实业,繁荣市场,扩大贸易……凡此种种,都离不开交通运输。我们需要修筑十万英里铁路,一百万英里公路。孙中山先生还指着一张中国大地图,详细地介绍了他的修筑铁路、公路的具体设想。他的手,指向内蒙古、新疆、青海、西藏……真想不到,这位伟大的政治家、军事家,还是一位卓越的经济学家哩。说到这里,他亲切地看着我们这些十几岁的学生,语重心长地说:"要实现这个历史的重任,希望寄托在在座诸君身上。"孙中山先生振兴中华的雄韬大略,鼓舞人心的话语,使我和同学们非常兴奋。是啊,要修筑十万英里铁路,一百万英里公路,足够我们干的了!报国有门啦!

凝望着中山先生炯炯的双目,静听着他激昂慷慨的演说,我生怕漏掉一个字。这位中国近代史上卓越的民族英雄、历史的巨人，是我青少年时代最崇敬的人。他的传奇式的革命经历，百折不挠的斗争精神，曾使我无限神往。如今，他就站在我的面前，给我指明了报国之路。贫弱的祖国要是真能修成十万英里的铁路，一百万英里的公路，九百六十万平方公里的土地上就能形成一个现代化的交通运输网。这是一幅多么宏伟壮观的蓝图啊！而修铁路、筑公路，都离不开架桥，我这个学桥梁专业的学生也大有用武之地了。展望前程，我的心情豁然开朗起来。

中山先生讲完了，微笑着走下讲台，说还要同全校师生一起照张相。我们欢呼起来，簇拥着孙先生到了操场。我是一年级学生，个子又比较小，荣幸地站在离中山先生很近的地方。我把胸挺得高高的，眼睛瞪得大大的……这张孙中山先生与"唐山"师生合影的照片，我一直视为最宝贵的纪念品珍藏着。可是，1937年冬，日寇侵占杭州后，烧毁了我在杭州的住宅，这张极为珍贵的照片也化为灰烬。后来，我找过许多老同学，还想过不少办法，都没有能补到它，至今甚为痛惜。

这一天，是我这个16岁的少年感到最幸福的一天。我浸染在激动和兴奋之中，晚上躺在床上翻来覆去地睡不着。我想，孙中山先生日理万机，还特地到我们学校来视察，这是对我们这些祖国未来的修桥铺路人才寄予殷切的期望啊！中山先生说得对,我国古代的科学技术在世界上是曾经得过锦标的。就拿造桥来说,一千多年前造的中国石拱桥至今蜚声全球,可是到了铁路输入后却远远地落后了。国内仅有的几座像样点儿的铁路大桥都是外国人修的,这是我们学工程的人的最大的耻辱。看来,也不是只有参军才是参加革命;建设祖国,使祖国赶快强盛起来,同样是革命的一项不可缺少的任务。我应当安下心来学好建造现代化桥梁的本领,要把各门功课学得更加扎实……翻腾的思潮逐渐平静下来了。从此,"为祖国建造现代化桥梁,让铁路、公路畅通无阻地跨过大江大河"的愿望,成了我矢志不移的奋斗目标。虽然,辛亥革命的胜利成果不久被袁世凯窃取了,以后便是军阀混战,天下大乱,孙中山先生宏伟的《实业计划》没有能够实现。但是,我始终牢记他的教诲,总想念中国会有一个光明的未来。在艰难竭蹶之中,略尽自己的绵薄之力,为实现孙中山先生实业救国的遗愿而奋斗。

二、勤奋比禀赋更重要

自从孙中山先生来校视察后,我把自己的学习同振兴祖国联系得更紧密了。我在唐山路矿学堂念了一年预科,四年本科,1916 年 7 月,我大学毕业了,是年 20 岁。在这一年中央教育部举办的全国工科大学教学成绩评比中,我的母校得了第一。而我在这五年里,经历了无数次考试,每次发榜都是第一名。在毕业考试时,我不但把规定必答的题目都答了,而且把只要求选做的题也全答对了,老师破例给了我120分。这张卷子一直保存在学校里。解放后,唐山交通大学庆祝建校五十周年,还展出过这份考卷。

我上学时,唐山路矿学堂的教师都用英语讲课,而且没有正式的课本,由任课教师随时选用最先进的教材。因此,学生上课时非常紧张,听完一节课整理笔记要翻阅好几本外文参考书。而且学校里的考试相当频繁,月考、学期考、学年考,特别是临时的小考从不预告,有时一个上午四门功课都要考。在这些困难面前,有的同学显得很忙乱,顾了整理笔记,顾不上复习,为应付考试搞得疲惫不堪。我却并不感到太紧张,每天还能有一定的看报、休息和体育活动时间。在学校里,我爱好踢足球,还是一个不坏的中锋哩。秘密在哪里呢? 就是我有一个严格的学习计划和一张科学的时间安排表。每天上课时我专心听课,简单扼要地记下讲课的内容,下课后先参考外文书,整理好当天的听课笔记,记错的改正,漏记的补上,记乱的重抄,并进行复习,然后预习第二天要上的新课。具体时间的安排是:每半小时至一小时复习或预习一门功课,尔后休息五分钟,再复习或预习第二门课。

如果时间到了还没有完成，也暂时放下，按计划进行其他课程的复习或预习。规定时间没完成的，再另找时间补上。这样，学习就可以做到有条不紊，考试时也胸有成竹了。我严格要求自己按计划办事，日久天长，就形成了习惯。直到现在，我已经八十多岁了，每天要做的工作也都有计划，决不肯虚度一天。在"唐山"的五年里，我一共整理了 200 本笔记，将近一千万字，摞起来有一人多高，每一本扉页上都编写了目录，便于查考。

有人说我因为"天分高"，有"惊人的记忆力"，所以学习起来不费劲。我是不同意这种说法的。人的禀赋固然是有差别的，但是，勤奋比禀赋重要得多。一个人的天资再好，没有勤奋，也将一事无成；反之，勤能补拙。我的记忆力比较好，其实也是苦练来的。小时候跟着祖父背古文，开始时几天背一篇，到后来，他用毛笔把《北山移文》《阿房宫赋》这样长的文章抄在一张纸上，叫我站在旁边看，边抄边讲解意思，等他抄完了，我已经能把全文背出来了。在我 17 岁的时候，读到一篇介绍圆周率的文章，把小数点后面 100 位都写出来了，为了锻炼记忆力，我便决心把它们背出来。开始只能背到 32 位，后来下了苦功夫，不断地重复背诵，终于把 100 位数字背得滚瓜烂熟了。以后，我没事时总常在心中默诵，因此，至今不忘，我总认为人的头脑、四肢，越用越灵，越练越强。

好比一把刀,越磨越快,不磨不用就会生锈。

我在大学学习的最后一年,遇到一件非常令人生气的事,就是在1915年12月窃国大盗袁世凯冒天下之大不韪,公然宣布推翻民国,自称"中华帝国皇帝"。在那一段日子前后,国内各家报纸舆论一律,天天肉麻地为袁世凯歌功颂德,有一天还登出一条丑闻说,"盛典筹备处"准备到江浙一带去物色数十名年轻女子入宫。我见后,气得把报纸撕了,并发誓不再看报。就这样,我几乎有近半年时间没有看过报纸,直到1916年3月,做了八十三天皇帝的袁世凯在万民唾骂声中下了台,以孙中山先生为首创建的中华民国光复了,我才恢复看报,现在回想起来,这样做当然是很幼稚的,但是在当时,我却是非常认真的,自认为是对袁世凯称帝的一种抗议。

三、在美国留学的日子

我从"唐山"毕业时,正好北京清华堂(清华大学的前身)留美预备班向全国招收十名官费留美研究生,我被学校保送应考。可是,好事多磨,考试的前一天晚上,我发高烧了,头疼得像炸裂似的,一夜未睡好。第二天早上,我咬紧牙关进入考场参加搏斗。想不到一拿着考卷,脑子反而清醒了,考卷答得很轻松。我顺利地被录取了,派往美国当桥梁专业的研究生。

9月初，我和十几位同学（其中就有后来成为著名戏剧家的洪深）告别祖国，告别亲人，横渡太平洋，经过二十一天的旅行，在美国旧金山登岸。我被分配在东部纽约省的康奈尔大学，这是一座著名的学府，我国著名科学家竺可桢、文学家谢冰心都曾先后在这里留学过。

但是，当我到注册处报到时，主任打量着我，又看了看我带去的学校介绍信和成绩册，露出疑惑的神气说："'唐山'这个学校我们从未听到过，不知毕业生的水平如何，必须先经过考试，合格后才能注册。"我感到自尊心受到了很大的损伤，便要求马上就考，考试后的第二天，主任把我找去，满面笑容地赞许道："很好，考得很好，我们同意你注册为桥梁专业的研究生。"从此以后，"唐山"便在康奈尔大学建立了信誉，我的母校的毕业生再到这里来当研究生，就用不着再考了。

我的导师是桥梁系主任、美国桥梁界著名的贾柯贝教授。和我一起攻读桥梁专业的中国研究生还有罗英和郑华，后来我们三个人在国内都从事现代桥梁事业，我和罗英更成为终身好友。

经过九个月紧张的学习，到1917年6月，几门基础课和专业课考试都通过了，硕士论文也完成了，而且我的论文的容量特别大,几乎包容了两篇论文所要求的内容,因此贾柯贝教授对我非常器重(他和我后来结为忘年之交,经常通信,我回国后任东南大学工科主任时,贾教授因退休,把他珍藏的全套《美国土木工程师学会会刊》连同精美的书橱一并赠送给东南大学工科,这些资料,至今还陈列在南京工学院)。于是,我很顺利地获得了硕士学位。在举行毕业典礼的那一天,毕业生都身穿礼服入会场,校长亲手给我颁发了用羊皮纸印刷的硕士文凭。

四、不能光在"纸上画桥"

这时,摆在我面前的有一条比较轻便的成名成家道路:因为我在攻读硕士学位期间成绩比较出色,康奈尔大学愿意聘我任教,经过两三年,便可考博士学位,晋升教授,这是当时的留学生求之不得的美差。但是我的导师却恳切地劝我说:"你搞桥梁,光靠理论不行,一定要有实际经验。"贾教授的话对我的启发很大,我想到了自己不远万里来美国深造的目的,想到了孙中山先生的期望。是啊!我学成以后要回到祖国脚踏实地地建造大桥,光有理论,光会"纸上画桥"怎么行呢? 一定要学会实际的造桥本领。于是我欣然决定放弃舒适的大学教师生活,到桥梁工厂去实习。

贾教授介绍我进了匹兹堡一家有名的桥梁公司。实习分三个阶段,先在绘图室里绘制桥梁构件图;第二阶段是到工厂去学做"模板",切削钢件,打铆钉,油漆钢梁,等等;第三阶段才到设计室当设计师。在工厂里,我每天同工人一样,早上七点钟上班,下午五点钟下班,路上来回还得花费两小时。有些活相当吃重,比如一桶油漆有五六十斤重,一天要搬十来桶。对于我这个"书生"说来,这是艰苦的锻炼。但是一想到这些技术都是将来为祖国造桥所必不可少的本领,也就不觉其苦了。

到桥梁公司实习后不久,我又听说匹兹堡有个加里基理工大学,其中土木工程系设有夜校,夜校所得的学分与日校同样待遇,读满规定的学分后,也可以考博士学位。我当时才21岁,精力充沛,便决心白天做工,晚上读书,一举攻下博士学位。于是,我带了康奈尔大学的硕士文凭到了加里基理工大学去商洽,居然很顺利地获得了批准。当时该校规定,凡已获得硕士学位的人,再要申请博士学位,除了必须通过博士论文外,还要读满一门主科、两门副科的学分,此外还要通过第二外语的考试。我选择了桥梁为主科,高等数学为第一副科,科学管理为第二副科;第二外国语,我选了法文。于是,紧张的半工半读生活开始了。我在桥梁公司实习的一年半中,除了星期天以外,每天晚上七时半至九时半都要到学校去上夜课，无片刻闲暇，而且常常是白天一边做工，一边还在思考晚上的功课。在这一年半里，每个星期天我几乎都是在埋头伏案中度过的。连房东老太太看了都觉得心疼。加里基理工大学的几位任课教授给我讲课都很认真，如高等数学课是为我一个人特开的。主课教授感叹地说："为你一个人，我费的时间，比平时上几百个人的大课还要多！"就这样，在极其紧张的状态下，我坚持了五百个日日夜夜，终于用一年半的工余时间，读满了平常人全天上课需要一年才能读完的全部学分。

1919 年 1 月，我开始考虑博士论文，选题是"桥梁第二应力问题"，这个问题在当时桥梁力学理论方面是一个比较尖端的题目。深入地做研究工作是需要聚精会神的，再兼顾桥梁公司的工作办不到了。当时，行到第三阶段，按原订计划还需一年时间，我考虑再三，决定提前结束实习，专心致志地准备博士论文。我花了十个月，到秋天，用英文写成的论文初稿完成了。加里基理工大学土木工程系主任麦克罗教授，为我的论文中的英文做了字斟句酌的修改，费了不少时间。

但是，在写博士论文的十个月中，我也并不是"两耳不闻窗外事"，我担任了匹兹堡中国留学生会的副会长，这个组织一年要聚会好几次。因为大家都远离祖国和亲人，聚在一起感到分外亲切。1919 年春天，在第一次世界大战后的巴黎和会上，中国作为一个堂堂的战胜国，却受到英、美、日各国的欺负，硬要把青岛划归日本。消息传来，留美的中国学生无不义愤填膺。我代表匹兹堡中国留学生会在报纸上连续发表文章提出抗议。4月30日晚上，匹兹堡中国留学生会又在加里基音乐厅组织了一次规模盛大的"中国夜"宣传大会，邀请了中外人士一千多人参加，我作为会议主席致开幕词，中国教授发表了抗议英、美、日的演说，还有不少美国朋友发言声援中国，在会上又散发了由我编写的宣传小册子。最后，还演出了一出由我编写剧情、加里基理工大学戏剧科教师正式编剧并导演的京剧，演员身穿中国传统的京剧服装，口唱英语唱词，引起全场观众极大的兴趣。第二天，匹兹堡各大报都登载有关"中国夜"晚会的详细报道，并发表同情中国的评论。这次发生在大洋彼岸的声援祖国的集会胜利结束后四天，国内便爆发了震惊世界的五四运动。

五、我的祖国更需要我

1919年11月，我参加了加里基理工大学为我举行的博士论文答辩会，这是该校历史上第一次举行工科博士论文答辩，著名的工科教授都参加了，显得格外庄严、隆重。我抑制着自己紧张的心情，步入试场后，先用英语介绍论文要点，接着回答了教授们提出的十几个问题,看来教授们对我这个中国学生的论文和答辩是满意的,他们之中有人不时赞赏地点点头,我的自信心越来越增强了。第二天,校方就通知我:论文答辩正式通过了,要求把论文铅印100份留校,以后就静候授予博士学位的仪式吧。这份博士论文,后来贾柯贝教授又推荐给康奈尔大学,经过专家们审定,决定发给我菲梯士金质奖章,这种奖章全校每年只发一枚,给康奈尔大学研究生中的最优秀者。

　　一个23岁的中国留学生成了加里基理工大学的第一个工科博士,这在该校的历史上也是一件大事,匹兹堡各家报纸都刊登了这条新闻。我顿时成了一个引人注目的人物,加里基理工大学和康奈尔大学都邀请我任教,好几家桥梁公司聘请我去工作。当时有些好心人劝我留在美国工作,说:"科学无祖国,你这样年轻,在美国搞科学研究条件好得多,更可以施展你的才能,前程无量啊。再说,你对科学做出的贡献也是属于全人类的呀!""不! 纵然科学没有祖国,科学家却是有祖国的。我是中国人,我的祖国更需要我!"我毫不犹豫地回答。

　　祖国,正是"祖国"这个神圣字眼时刻牵动着海外赤子的心。我忘不了孙中山先生振兴中华的宏伟理想和对我们的殷切期望;忘不了在美国饭馆里被老板无端逐出门外的奇耻大辱，理由仅仅因为我是个中国人；忘不了祖国的壮丽山河和日夜盼望着我归家的亲人……我是中华民族的子孙，中国，是生我养我的母亲，而今她还那样贫穷、衰弱、任人欺凌，做子女的更有责任照料她，使她早日强壮起来。我怎能忍心抛开她呢？我归心似箭，决定不再等待颁发博士文凭的仪式，急切地做回国的准备工作。

"锦城虽云乐，不如早还家。"1919 年 12 月 14 日，我单身一人告别留学三年半的美国，告别我敬爱的老师和善良的房东老太太，踏上了归途。亲爱的祖国，我回来了！我要在您的江河上架起长虹。我要把全部的知识和才能都贡献给您！海轮渐渐地驶进祖国的领海，遥望车辆，我心潮澎湃，要为祖国的桥梁事业一展宏图的愿望，使我激动得难以自已。迎接我的祖国依旧是满目疮痍，战乱频仍，一片衰微破败的景象。当时我国的桥梁专家很少，照理我回国以后可以充分发挥自己的专长，大干一番事业了。可是半封建半殖民地的旧中国，经济命脉都操纵在帝国主义列强手中，中国人不能独立自主地在中国的江河上造桥。我回国后等了整整十三年，所能等到的仅仅只有两次担任修理桥梁的顾问的机会。满怀抱负的青年科技工作者是想有为而不能为啊！岁月蹉跎，壮志空怀，我陷入了无穷的苦恼和失望之中。直到 1933 年春，我才接到了凭中国人自己的力量建造钱塘江大桥的任务，这时我已经 37 岁了。至于在建造钱塘江大桥的过程中所遇到的种种难以想象的艰难险阻；建成以后正逢日寇侵占杭州，我又不得不挥泪亲手把它炸毁，这些都是后话，在这里就不赘述了。

工程师的解放

今天是上海解放的第十天，我们来举行纪念工程师节大会，意义非常重大；我们年年此日，都有感想，今年尤多。因为我们现在是在解放的建设里了。我们过去对此"解放"名词，认识不深，及今细想，解放事业是工程师最大之任务，"解"者扫除障碍，"放"者发挥力量，工程师扫除天生的障碍，发挥自然界的力量，岂非极重要的解放？我们今天纪念大禹，他便是一个伟大的解放工作者，他解除了人民的痛苦，领导了千万的工人，治平水土，八年在外，三过家门而不入。他抚辑了更多数的农民，尽力沟洫，大兴水利，解放了人民的生活，做了人民的领袖。此外，中外历史上的工程师，因尽力解放事业，功在国家的，尤属数不胜数。他们不但对自然界做了解放工作，而尤其重要的是对广大的人民，做了解放事业，他们用工程上的成就、工程里的方法，在物质上增加生产，在精神上鼓励团结,极现实、极真诚地解除人民的痛苦,提高人民生活,因而博得人民的信仰,得到人民的合作,他们充分地尽了解放的责任,成为标准的工程师! 他们不都是我们工程师的模范吗?

我们在解放后的今天来纪念工程师节,首先要检讨我们过去做了些什么解放事业,是否对得住我们要纪念的工程师,尤其重要的,是否对得住我们的人民? 我们工程师学会的会员 17000 人,其中有土木、电机、机械、化工、矿冶、水利、纺织、航空、造船、建筑、市政、卫生以及一切工程部门的工程师,我们各个人在中国近代化的工程事业里,多多少少、大大小小都做了些事,倘若没有我们这批学员,恐怕今天连这样落后的产业都没有,要谈恢复都无从谈起。我们工程师总算为国家做了些建设事业,奠定了国家工业化的初步形式。我们除了凭自己的学识和劳力,一点一滴地积成经验,有了贡献,不曾假借任何势力,不曾参加政治活动,很清白很单纯,就各人职业上的所长,表现了集体的力量。这些力量,都反映在事业方面,从未用做争权夺利的工具。不但未谋个人的私利,我们会员中,无一人因工程职业而致富的。就拿本会来说,我们至今无一个可用的会所,无一个有薪给的职员,重庆和南京的会所且被人家强占,无法收回,我们工程师的政治力量,可算小得可怜了! 然而我们自信,我们的集体力量,从解放的意义说,对于自然界方面,确乎是多少有了些贡献。譬如交通、水利、工矿等建设里面,都经克服过多少困难,完成了若干技术,才有今日的成就。便是对于人民来讲,我们的力量,用在生产方面也不算少,直接的或间接的在人民生活方面,多少也还做了些解放的事。但是我们要进一步思索:我们过去的解放事业,是自发的还是被动的,是自主的还是奉行的,是表面的还是彻底的? 更进一步说:我们阻碍过或延迟过解放事业没有? 我们摧残过或消灭过解放事业没有? 这些问题,需要我们坦白的答复,而最坦白的答复,便是我们过去事实的表现。从那些事实里,我们希望我们不曾对人民有愧,不曾对过去伟大的解放工程师有愧!

然而反躬自省,我们事业的成就,到底似乎是太少了,近几年来更是小得可怜。我们常恨英雄无用武之地,埋没了多少人才,眼看着许多急切待举的工程,被环境压迫得无从提起,连纸上文章的空中楼阁,都拿不出去,耳边厢还要听到尊重科学提倡技术的陈词滥调,什么"国家工业化""科学社会化",种种化的空论弄得人啼笑皆非。近年来时常听到某处的工程被破坏了、某处的工厂被烧毁了,我们工程师的心血付诸流水了,已经落后的工业萎缩得格外落后了,更觉得一腔悲愤,无限酸辛。我们如此众多的工程师,竟然爱莫能助,眼看着国家元气一天天的衰落,我们还能说对得住人民,对得住解放的工程师吗？

我们工程师，确实可怜，过去只求做一个工具，只求工具做得好，而不去过问我们这些工具的用途。这些工具除了对抗自然，对抗敌人，究竟对我们自己的人民做了多少好事，替他们解放了多少，为国家贡献了多少？以往竟无机会去检讨。我们知道人民是有力量的，工程师是人民的一部分，应当有他的力量；有了力量，再将力量集中组织起来，我们为何不能发挥我们工具的正当用途，使得整个国家全体人民，都得到我们工具的好处，都了解我们工程师的使命？因此如何发挥我们的力量，应是我们最迫切最严重的大问题。必须共同认识，共同努力，来彻底地解决它。如何解决呢？个人意见，觉得很简单，就是要自己解放，解放自己，将过去思想上行为上感觉受束缚的部分，自动地扫除它；对未来个人和集体的活动，要勇敢地求现实地发挥，由工程师自身的解放而做到人民的解放工程师。这里我们需要觉悟，需要学习，需要勤劳，需要彻底的改造，只要良心上认为这确是为了人民的利益，为何不可毫无顾忌地大胆前进呢？

今天工程师节，我们庆祝过去伟大工程师的诞生，同时纪念今天工程师的解放，我们要以解放的工程师，来建设解放的新中国！

原载 1949 年 6 月 7 日上海《大公报》

科学有险阻，苦战能过关

——学习叶副主席《攻关》诗的体会

叶副主席的光辉诗篇《攻关》，是对我们广大科技工作者的极大的鼓舞和鞭策，也是向全国人民发出的向科学技术现代化进军的号角。每当我读到这首诗的时候，细细研究它的每一个字，都觉得意义深远，期望殷切。下面我想从四个方面谈谈自己的体会。

首先，什么是科学？科学并不神秘，而是在日常的工作和生活中，随时随地都会遇到的。种粮食，做衣服，造房子，开汽车等，里面都有科学道理。在这明媚的春天里，小孩放风筝，里面就有科学，近代飞机就是根据放风筝道理而发明的。

研究科学，开始是"观察自然"，就是观察自然界各种现象及其变化，如水、火、风、日食和月食、地震等等。然后是"了解自然"，就是进一步研究自然现象的本质，它发展变化的原因、规律及其后果。这两步是先"知其然",而后"知其所以然",就是《实践论》教导我们的从感性认识上升到理性认识。

按照马克思主义的观点,运动是物质存在的形式。不同的运动之间,有相互影响的关系,它们都有一定的规律。了解规律,就能知道自然现象的本质和它的变化;应用规律,就能使物质运动按照我们预定的目标进行。把各种规律,按照不同的物质运动,整理成不同的体系,就成为科学上的不同学科。如按自然现象来分学科,日、月、星辰等属于天文学,电、磁、光、热等属于物理学,物质元素的组合属于化学。所以,科学的目的,就是要认识和了解自然界的各种规律和规律的系统化。

认识和了解了自然之后,就知道如何利用自然来为人类造福。在利用时如遇到困难,就要想方设法来征服自然,甚至改造自然。利用、征服、改造自然的手段,就是"生产"。恩格斯说:"科学的发生和发展一开始就是由生产决定的。"所以生产是科学的来源,而科学又是发展生产的根据。

上面所说的科学,因为是对自然界而言,所以称之为自然科学。另外还有一种科学,它的对象不是自然界,而是人类社会,包括组成社会的个人,称之为社会科学,它的目的是认识了解社会并改造社会。也同自然科学一样,社会科学分为许多学科,如政治经济学、历史、教育学等等。

其次,什么是险阻?"险",一般都理解为危险。比如我们走路时,遇到一片荆棘丛生的羊肠小道,旁边有高山,下面有大河,就感到非常危险。科学的道路上同样有高山峻岭、羊肠小道。比如生产中有疑难问题,要靠技术革新来解决.方向和道路是有的,但方法和工具是不肯定而又不完备的,要经过若干试验才能最后成功。稍一不慎,就会前功尽弃,损失物资和时间,甚至危及生命,这成为科学上的"险"。

比"险"更困难的是"阻",就是遇到了阻碍,比如走路时遇到了滚滚大江,既无桥又无船,就无法过去。在生产斗争中也有这种情况,就是遇到无从下手的问题,要靠技术革命来解决。要预测方向,摸索道路,一步一步地做试验,找理论,这成为一种科学上的"阻"。克服险和阻,就是要"过关"。

第三,怎样过关? 首先要方向明,道路对,然后才能"箭无虚发",这就要靠有经验,有理论。积累经验,掌握理论,都需要经过"苦战"。修建南京长江大桥和成昆铁路,都遇到了不少险阻,但是最后经过苦战,终于把这些问题解决了,胜利地过了关。

第四,怎样苦战? 马克思说过:"在科学上面是没有平坦的大路可走的,只有那在崎岖小路的攀登上不畏劳苦的人,有希望到达光辉的顶点。"毛主席也教导我们:"世上无难事,只要肯登攀。"我们现在在科学上要攀登的高峰，就是要实现科学技术现代化，要赶超世界先进水平。我们攀登不是靠个人，而是靠在党中央领导下的浩浩荡荡的科技队伍。这支队伍里有专业科技工作者，有广大工农兵群众，还有青少年学生作为我们这支队伍的后备军。攀登的时候要苦战，就是要有进无退，百折不挠。只要我们发扬老一辈无产阶级革命家攻城不怕坚的革命精神，就一定能战胜险阻，苦战过关。

原载 1978 年 4 月 27 日《湖南科技报》

党是建国的总工程师

十一届六中全会通过的《关于建国以来党的若干历史问题的决议》,对科学教育的地位和作用作了充分的肯定。我读了之后,感到格外亲切。

我是一个科技工作者,在新旧中国各经历了三十多年。我和科学技术群众团体的关系,也有六十多年了。这六十多年的经历使我认识到,中国共产党是国家和民族的希望,社会主义制度是最有利于科学技术发展的制度,科技工作者只有在党领导下的社会主义中国才能施展抱负,大有作为。

中国的科学家、教授、工程师有非常爱国、进步的传统。鸦片战争以来,大家目睹山河破碎,国家民族遭受蹂躏,心里憋着一股气。决心倾其所学,实现科学救国、教育救国的理想。可是忙来忙去,到头来还是逃不脱三座大山的压迫。从此,大家寄希望于共产党,渴望早日得到解放。解放前夕,我在上海参加了党领导的半公开组织——中国科学工作者协会,做原国民党上海市长及其他有关方面的工作,使上海在解放时工业设备未遭破坏,被捕的 300 名学生安然出狱。1949 年上海解放,6 月 15 日陈毅市长宴请上海知名人士时,亲切地对我说:"你对上海解放是有功劳的。"对我抚慰有加。以后每次见到我,也总是亲切关怀,教诲不倦,使我如坐春风,倍感温暖。上海解放后的第五天,由中国科学工作者协会发起,上海的 34 个科技群众团体,组成"上海科联",推我为主席。6 月 30 日上海举行庆祝中国共产党诞生二十八周年大会,我发言说:"党是建国的总工程师,我们参加建国的工程师都要永远跟总工程师走。"陈毅同志听了颇为赞赏。

　　1949 年 9 月,我参加新政协会议到了北京。毛主席在接见我们新政协代表时说:"你们都是科学技术界的知识分子,知识分子很重要。我们要建国,没有知识分子是不行的。"9 月 13 日,新政协会议开幕前夕,我应邀参加周总理的招待会。周总理迎面走来和我握手,和蔼地说:"是科学家,非常欢迎。"入席后,总理和我交谈,从上海的解放到旧社会反动统治下的交通情况,都谈到了。1950 年秋的一次政务院会议,讨论武汉长江大桥的建设方案。总理主持会议,邀我列席。总理对于大桥的设计、施工问得很详细,会后又对我说:"你有造钱塘江大桥的经验,希望你对这座大桥多多出力。"总理对我这样信任，我感言难尽。1959年，北京市决定兴修"十大建筑"。为了集思广益，北京市政府邀请全国建筑结构专家71人，组成结构与建筑两组，分别审查大会堂的结构与建筑设计，我担任结构组组长。总理对大会堂工程非常重视，一再指示要保证安全。结构组审查设计完毕后，总理指示说："要茅以升组长来个签名保证。"这种既严肃又信赖的态度，对我又是一次教育。

我的亲身经历充分说明，建国三十年来，科技工作者的地位发生了根本的变化。从旧社会受雇用的地位，变为新社会的主人，同工人、农民一样都是社会主义事业的依靠力量。尽管中间也经历过曲折，但这个根本变化是无可否认的。

正因为如此，中国的知识分子，对中国共产党是高度信赖的。在三十二年的风风雨雨中，和党患难相依，休戚与共。特别是老一代科技工作者，阅历较深，多少次的历史教训使他们懂得，在中国，不靠中国共产党，不搞社会主义，是绝对没有出路的。即使在十年动乱期间，许多科技工作者受过委屈，挨过批斗，也没有对社会主义失去信心。活生生的事实，证明自己是党和人民完全可以信赖的社会主义道路上的依靠力量。

中国科协是党领导科技工作者的助手，是党同科技工作者联系的纽带和桥梁。六中全会的《决议》对我们的工作提出了新的、更高的要求,是对我们的高度信赖和支持。

科协系统贯彻中央的决议精神,要充分发挥自己组织的特点。首先我们是一个由科技工作者自愿组织起来的群众团体,有广泛的群众性。它对于协助党动员组织科技队伍,挖掘潜力,充分发挥其革命主动精神是十分有利的。其次,中国科协领导上百个学会、协会、研究会,集中了科技界各方面的专家,人才荟萃,知识密集,每年要举行上万次学术活动,提出一大批科技建议,科技群众团体有长期的民主传统,学术思想活跃,容易听到不同的意见,反映真实的情况,对各级党政实现正确决策,是个很好的参谋和助手。再次,科协是跨行业,跨部门的科技工作者的横向联系组织,比较机动灵活,能把各部门有关的专家组织到一块,进行综合探讨,智力协作,有利于发挥社会化的优点,克服地区、部门分割的弱点,弥补行政系统之不足。这样的组织,对党领导科学技术当然是很有利的。

目前,我们国家各级党委对现代科学技术的领导正在加强,对科技工作者的团体也愈来愈重视,看不到这一点是不对的。但是,恕我直言,现在还有一些同志,对科学技术的作用认识还很不够,甚至认为科技群众团体可有可无。他们说,十多年来,没这个组织,不照样过去了吗?科技群众团体开展活动,总要有几个专职干部,花一点经费。应该说,这个开支所占的比例是很小的。但是直到现在，有的地方，渠道还打不通。演员演戏，要有个舞台；运动员打球，要有个球场；教员教课，要有个教室。可是有的地方，科技工作者组织学术交流，开展科普宣传，办教育，搞讲座，连一个起码的活动场所还没有。各地方科协，每年都做了不少的工作，仅上海科协组织专家为宝钢咨询，一次就节省三千万元。我想，在国家财政困难的条件下，适当调剂解决这些最必须解决的问题是应该的，也是可以办得到的。

原载 1981 年 7 月 27 日《人民日报》

建党六十周年发言稿

中国共产党是中外历史上最伟大的党，我们能参加今天的盛会，来庆祝建党六十周年的纪念，感到非常兴奋。建党的六十年可分两个阶段，一是进行将近三十年的革命斗争，二是进行三十多年的建国大业，都取得了光辉灿烂的胜利。

我从 1920 年①自美返国到现在，也是六十年，写了一本《征程六十年》的回忆录。首先是度过了三十年的折腾才欣逢解放，然后是从 1949 年到现在的三十年的学习与工作。对我来说，两个三十年，两个时代两重天，从黑暗走到光明我是何等的运幸！

我的黑暗与光明，是和全国人民一样的。所谓黑暗就是

---

① 见茅以升《留美回忆》，具体的回国日期当为 1919 年 12 月，1920 年 1 月抵家。

指三座大山压迫下的半封建半殖民地的旧中国,所谓光明就是指党领导下的社会主义的新中国。

解放时我已经53岁,亲眼见到新社会的日新月异,时时感到鼓舞。特别是万马奔腾进行四个现代化的建设,我在暮年,仍能贡献微力,非常愉快。回想起在美留学时见到歧视华人的各种现象,和1919年第二次大战后的巴黎和会,为了日本而欺凌中国,我的忧愤心情,至今不忘。但在今天,世界上有多少大国——包括美国——的总统总理都争取来我国访问,这种新气象是我前半生所从未见过的,感到扬眉吐气。这使我相信,新中国的种种的"新",皆由我党领导下的社会主义道路。

我终生难忘,毛主席和我亲切握手交谈计有12次。有一次在天安门上,他已走过我们人群,忽然走回来和我握手,然后再往前走,最后一次他见到我拉手时,停了一下,好像回忆什么,忽然笑着说:"钱塘江桥嘛!"这是如何的亲切关怀!

我在政治学习中,领悟到如何才是坚持毛泽东思想,就是不要空谈而要有实际行动。我在学习了毛主席的《实践论》《矛盾论》及他多次关于群众路线的讲话以后,研究出如何制定社会主义的教育制度及如何使科学技术群众化,曾在《光明日报》上发表达将近50篇的文稿,同时积极参加了各种科学普及工作。

在今天庆祝建党六十周年时，我把在我的征程六十年中所做的沧海一粟的贡献，作为我对党的赤诚的献礼！

1981 年 6 月 27 日

建党六十周年发言稿

祖国的自力更生

最近在北京召开了第二届全国人民代表大会第四次会议,会议的新闻公报说:"现在,我国的经济实力进一步增加了,我们独立自主、自力更生地建设社会主义的力量,从来都没有像今天这样强大,我国自力更生力量的加强,集中表现在许多重要建设工程已经完全依靠自己的力量建设起来。"这里自力更生的蓬勃气象,凡是在中国旅行的人,到处都可以看见。我在这次大会前,到过兰州、西安、三门峡等地视察,就亲眼看到一些大型近代化的工厂和工程,是我们发挥自力更生的革命精神,大胆革新创造而建成的。这就证明了我国的科学技术队伍,已经有了如何的发展;我国的国民经济,已经有了如何的基础。"自力更生"为何会有这样强大的威力呢?

我们祖国的自力更生,就是要依靠自己的力量,把半封建、半殖民地的旧中国,建成为富强的社会主义的新中国。所谓自力,就是自己的人力、物力和地力。我国的人多、物博、地大,这三种力量的总和是异常强大的。问题是如何把它们发挥出来,组织起来。在解放前的旧中国,我们的这许多优越的条件,引起了帝国主义国家的注意,都来进行侵略和掠夺,要"瓜分"中国。而那时的封建反动统治,不但不抵抗,反而和他们勾结,因而把国家弄成"东亚病夫",时刻有灭亡的危险。但解放后,在中国共产党的领导下,人民翻身做了主人,同是一样的这许多人力、物力、地力的优越的条件,就真正成为全国人民的财富,成为建设强大社会主义国家的保证。这所以成为可能,就因为共产党号召全国人民奋发图强,用自力更生的精神,来建设祖国,把祖国的这许多力量,充分发挥出来,人尽其才,物尽其用,地尽其利,并且在社会主义制度下,把它们最合理地组织起来,于是我们的第一、第二两个五年计划就都能超额完成。在这里,由我们自己设计和自己制造设备的、全部建成和部分建成投入生产的大中型工业项目,第一个五年计划期间有 413 个,第二个五年计划期间有 1013 个。所有这许多工业项目,包括年产量在一百万吨以上的钢铁厂、煤矿和炼油厂,装机容量六十多万千瓦的水电站,年产氮肥十万吨的化学肥料厂等等。因此,我国生产的工业原料、材料和燃料的品种,有了很大增加,大型和精密的机器设备的制造能力，有了很大的提高。最使人兴奋的是，我国需要的石油，过去绝大部分依靠进口，但是现在已经可以基本自给了。新中国建立仅仅十四年多，就能有这样辉煌的建设成就，这应归功于社会主义制度，是我国建设社会主义总路线的伟大胜利。

在资本主义国家，一切建设和工作，都非钱不行，而且钱多才做得快，钱少就慢。社会主义国家则不然，钱是次要的，更主要的是人的积极性。举两个例子来说。

河北省今年8月间，下了又骤又猛的暴雨，强度大，时间长、范围广，因而引起了特大的洪水灾害。在政府的领导下，全省人民紧急动员起来，投入了抗洪抢险工作。在各河河堤上，日夜守护的群众，达到269万人。天津市的市民，有100万人参加了保卫市区的抗洪工作。他们都是自带食物上阵的，当然谈不到报酬。在抗洪中，所有地方负责干部，都亲自参加。中共市委书记和市长，就总是在战斗的最前线。为了保护天津，保护津浦铁路，很多地方农民，把保护自己村庄的河堤扒开，让洪流进来，牺牲自己利益，以免别处更大的损失。陆海空军部队官兵，都来协同抢险，全国各地，远至黑龙江、内蒙古、福州、广州，都送来各种物资，大力支援。防洪斗争的结果是，天津、津浦铁路都保卫下来了，所有灾区人民的生命财产，都得到最大限度的保全，在洪水过后，他们立即投入农业生产的自救运动，依然获得了较大的收成。在抗灾斗争中，可歌可泣的故事多不胜数。从1590年到1948年解放前的358年中，天津一共遭受过45次水灾，每次都成泽国。没有一次的洪水有今年这样凶猛，但今年的抗洪却是完全胜利了。

从辽宁省的大虎山到吉林省的郑家屯的一条铁路上，有一个孙家工区，负责十公里铁路的养护维修工作。工区有18名养路职工。这条铁路的自然条件非常恶劣：冬天被冻得高低不平，春天被风沙漫卷淤塞，夏天路旁杂草丛生，阻碍雨水宣泄，路的下面向上冒泥。但是，这18名职工，以愚公移山的精神，艰苦奋斗了十五年，终于战胜了这"冻害""沙害"和"草害"的三大病害，彻底改变了这段铁路百孔千疮的面貌。他们不向国家要钱，一切自己动手。他们用八年时间，把路上五六十处经常遭受冻害的地段，全部换了好土，彻底制服了冻害。他们搬走了铁路附近的两座沙山，并在路旁栽了一万四千多棵树的防沙林，因而克服了沙害。他们把十公里铁路的路肩，完全换成碱土，因而杂草不生，解决了草害。所有这些工作，都是他们自觉自愿做的，有的是在阴雨天不能干活的时候做的，有的是在下班后业余时间里做的，都不要增加工资。而且所用的工具，如土篮、大筐、扁担等等，都是自己动手制造，不花国家一文钱。他们终年勤勤恳恳，爱惜国家的一切财产,处处精打细算,点滴节约。甚至他们家家的钟表,都特别拨快十分钟,以便每天能早十分钟上班,因而有人说他们的钟表,是"主人翁"牌的。他们从 1949 年 2 月以来,连续进行了五千三百多天的安全生产。

从上面例子可以看出,祖国的自力更生,不但依靠建设的物质力量,更重要的是依靠人民的新的精神面貌。就凭这六亿五千万人的革命精神,祖国在社会主义道路上的飞跃前进,是世界上任何反动力量所不能阻挡的!

原载 1963 年 12 月 20 日《中国新闻》

科学研究工作的组织和体制问题①

主席,各位委员,各位同志:

现在我想就科学研究工作的组织和体制问题,提出几项具体建议,请大家指正。

科学研究工作的目的是为了发展生产和扩大知识,也就是为了提高人民的物质和文化生活的水平。科学研究工作的计划不但要能针对今天的需要,并指出明天的方向,而且要能适合我国这样一个自然条件复杂,人口众多的国家,并且,更重要地,要能充分利用我国社会主义制度的优越性。因此,我国科学研究工作的组织和体制就当然不同于资本主义国家,同时也不应完全同于苏联或其他兄弟国家。

---

① 本文是茅以升在中国科学院学部委员会第二次全体会议上的发言。

（Ⅰ）科学研究的分工（以下专指自然科学）

科学研究工作,由于要求不同,可分为两大类:(1)技术研究:为了发展生产(质与量),从学科言,是综合性的;(2)学科研究(包括自然科学与技术科学):为了扩大知识,也就是为了教育,从学科言是单一性的。两类研究的结果都发展了科学。当然,这样划分也不是绝对的,生产应为教育服务,而教育也应为生产服务,因此,在两类研究的每一类中,就都有第一线工作和第二线工作之分,第一线工作是直接属于本类研究范围的,而第二线工作则有些接近其他一类的研究范围的。

技术研究的第一线工作,应当主要地在生产现场(工业、农业及卫生)进行;学科研究的第一线工作,应当主要地在高等学校进行。

技术研究的第二线工作涉及学科研究的范围(技术经验的理论化,逐步形成学科而普遍应用),学科研究的第二线工作涉及技术研究的范围(学科理论的实用化,逐步形成技术而普遍应用)这两类第二线工作都应当主要地由产业部门(工业、农业及卫生)的研究机构进行。对各高等学校普遍薄弱的或缺门的或边缘的或特殊重要的(如原子能)学科研究的第一线工作以及对各产业部门最有共同性的或高度专门性的技术研究的第二线工作,应当主要地在中国科学院的研究机构进行。对于特殊的地方性的技术研究或学科研究工作,可以在地方性的研究机构进行。

以上分工当然也不是绝对的。比如对薄弱、缺门的学科研究也可由科学院带头而逐步交与高等学校。

以上所谓第一线、第二线工作系指研究工作的性质而言,并无水平高低之分,技术研究第一线工作可能培养出国际水平的杰出科学家,而学科研究的第一线工作也可能是很简单的。

(Ⅱ)科学研究工作的内容和组织路线

完整的科学研究工作应当包括以下各方面:(1)专题的研究工作;(2)研究专题的计划与组织工作;(3)研究工具的供应工作,如关于图书、资料、仪器、设备、材料、试剂、新仪器设备的试制工厂等服务性的工作;(4)研究工作的行政保证部门,如人事、财务、基本建设、总务等;(5)学术领导;(6)研究成果的推广;(7)干部培养工作。

(1)专题的研究工作:按照上述分工原则,在生产现场、高等学校、产业部门研究机构、地方研究机构及中国科学院研究机构五方面,分头进行。

(2)研究专题的计划与组织工作:

(甲)生产现场的技术研究(第一线工作),除解决生产中临时发生的技术问题自行安排外,其计划性的研究专题任务由生产企业领导部门(部一级机构)组织安排。

(乙)高等学校的学科研究(第一线工作),除教学所需的经常性研究工作及临时受委托的任务自行安排外,其计划性的研究专题任务由高教部组织安排。

(丙)产业部门研究机构的技术研究与学科研究的第二线工作,除受委托的临时任务自行安排外,其计划性的研究专题任务由其生产企业领导部门(部一级机构)组织安排。

(丁)地方研究机构的研究工作(技术研究与学科研究的第一线与第二线工作),除为地方生产直接服务工作自行安排外,其计划性的研究专题任务由地方最高行政机构组织安排。

(戊)中国科学院研究机构的研究工作(学科研究第一线工作与技术研究第二线工作),除受委托的临时任务自行安排外,其计划性的研究专题任务由本院各学部组织安排。

(己)所有以上各研究机构的计划性研究专题任务凡属国家规划任务范围的,一律由国务院科学规划委员会统一组织安排。

（3）研究工具的供应工作：研究工作所需的最普通的和最特殊的工具应由各研究单位自行供应。较为专门而带普遍性的一切研究工具，对每一机构使用率均不高的，应在各研究单位比较集中的城市设立科技图书馆，为阅览及摄制复本服务，设立各种试验室，为试验、化验服务，设立科学器材仓库为供应试验材料器具服务，设立仪器工厂，为试制仪器与设备服务。以上各城市的服务部门均由当地最高行政机构领导，专为该地区的一切研究机构服务。

（4）研究工作的行政保证部门，应针对研究工作的性质，定出特殊制度满足需要，如人事方面，分配大学毕业生时应经考试，财务方面可设科学基金，材料方面减少限制等等。

（5）学术领导：有两方面的工作，一为对研究成果的评价，二为对研究方向的指导。生产方面研究工作的学术领导在各产业部门研究机构的学术委员会或科学技术委员会，教育方面研究工作的学术领导在高等学校学术讨论会或委员会，全国研究工作的学术领导在中国科学院的各学部委员会。

（6）研究成果的推广：属于生产方面的新技术或先进经验由产业部门推广，属于教育方面的新知识、新科学由高等学校传授。研究人员应把成果推广看成是研究工作的延续。

（7）干部培养工作：主要应在研究工作中进行，要有一定制度,并招收不脱产的研究生。

(Ⅲ)科学研究工作的体制

(1)各企业生产现场的设计、施工、制造、修理(这些技术工作都不是技术研究)等各单位中规模较大的应附设试验研究室,作为研究机构,直接为生产现场服务,要有研究计划、研究经费和一定的研究专职干部(生产现场和教育部门一样,有很大的科学力量)。这个机构应向全体职工开门,鼓励他们业余研究,帮助他们完成合理化建议或创造发明,总结本单位的先进经验,解决本单位生产中的日常技术问题(第一线研究工作但非一般性的维修工作)。以上专指工业生产,至于农业、卫生另议。

(2)高等学校有条件的系可兼作研究机构,要有计划、预算和一定的专职干部。有必要时高等学校得附设学科(自然科学与技术科学)研究所(学科研究第一线工作)。

(3)产业部门的研究机构有两种任务:一为服务性质的,二为研究性质的。

(甲)服务性质的任务为:

(子)对生产系统中的各现场试验研究室起联系、交流、指导、检查的作用;

（丑）建立生产系统研究工作中所必须而各地所无的特殊试验室、专门图书馆、科学情报网、仪器试制工厂等；

（寅）与本系统以外的科学研究机构联系合作；

（卯）帮助生产系统各试验研究室解决技术研究中的困难问题，或参加其研究专题，或派人驻勤，或代为公开征求答案，或代为委托其他研究机构代为解决；

（辰）为了供给数据，在适当地点设立观测站或试验基点。

（乙）研究性质的任务为：

（子）对本系统中试验研究室有共同性的研究专题，或力所不及但有关今日生产的研究专题（第一线工作）进行研究；

（丑）对生产系统中有关生产方向，指导生产实践；新技术的形成等等有探索性、关键性或生长点的专题（第二线工作）进行研究，其性质多属于技术科学的研究。

生产部门的研究机构，如力量薄弱，暂时可只担任服务性的工作，其研究性的工作可等候力量成长后，再为进行。

性质接近的几个生产部门可联合建立一个共同的研究

机构,同时为各生产部门担负服务性和研究性的任务。任何一个生产部门研究机构,不因其领导的行政部门的改组而随之改组。

产业部门的各研究机构应开放,为任何其他产业部门服务,不但接受专题研究的任务,并应兼做服务性的工作。通过适当时期的分工、协调,产业部门的各研究机构应逐步形成各种专业性的研究机构(如桥梁与结构工程研究所为铁路、公路、厂房及水工结构服务),尽量减少学科综合性的工作,如桥梁施工机械化,此种综合性研究工作应逐步下放到生产现场。在各种专业性的研究机构,经整理、协调,逐渐形成各个体系时,即应脱离生产部门直接领导,而按系统分别隶属于几个工业、几个农业、医学、运输、建筑等科学技术委员会。这些科学技术委员会分别由有关的生产部门互推一个部为行政领导,同时在协调工作上一律受国务院科学规划委员会统一领导。这些系统的科学技术委员会及所属专业性的研究机构的组成,应为社会主义研究工作的特点。

(4)中国科学院的研究机构,也有服务性的和研究性的双重任务,其服务对象为产业部门的和地方性的各研究机构及各高等学校,研究内容为技术研究中最有普遍性或综合性或探索性的第二线工作,和学科研究中对薄弱或缺门或边缘或特殊学科的第一线工作。科学院的研究工作主要应为五种：(子)所有其他研究机构或高等学校都还未进行的研究工作，含有带头或开路性质，等到其他研究机构或高等学校能接手时，即行移交；(丑)很多研究机构需要共同进行的或综合进行的研究工作；(寅)理论性较强的技术科学研究；(卯)特别重要带有领导意义的研究工作，如原子能；(辰)其他对全国科学有重大意义的探索性、关键性、远景性的研究工作。

(5)地方性研究机构进行有地方性的研究工作，在研究工作上，为地方与中央起桥梁作用。

(6)所有上述各方面研究机构的机构和工作条件的重大调整，均由国务院科学规划委员会会同有关部门协商处理。处理结果应在全国及各部门，包括专门学会，组成大中小型的科学工作网，每种网有一学术领导的核心，而以中国科学院为全国科学工作网的学术领导核心。

1957 年 5 月 15 日

提倡一下科学道德

前不久，读了上海出版的一本关于道德修养的书，其中有一节说到要讲一点"职业道德"，引起我的注意。我们除了应当有共同的道德规范外，在各行各业的职业范围内，确实还应当有一些特殊的道德要求。医生要讲医德，演员要讲戏德，教师要为人师表，搞科学技术的人，也应当讲科学道德。

科学是真理，是来不得半点虚假与浮夸的。科学是老老实实的学问。科学家是追求真理、造福人类的人，应当是有道德的人。古今中外，凡在攀登科学高峰的道路上大有建树的人，都是具有高尚的道德修养的。比如外国的布鲁诺、居里夫人，中国的李时珍、詹天佑，他们的崇高品格堪称世人楷模。

但是，也并非每一个从事科学事业的人都很讲道德。在科研工作中，不讲道德的人与事也是存在的。比如：弄虚作假、谎报成果；垄断资料，保守霸道；压低、打击别人；以邻为窃;剽窃别人的成果;沽名钓誉,等等。甚至还有个别人,不惜出卖国格、人格。科技人员思想品格的高下,虽不像科研成果的大小那样可以一望而知,但它终究要反作用于物质方面。道德不好的人,必然要做不道德的事,在工作中表现出来,危害事业,危害国家和民族利益,最后自己也落得身败名裂。

道德是人们行为的规范和准则,是有客观是非、善恶标准的。它是不成文的法律,但又不同于法律。它主要靠教育,靠公众舆论,靠人们的自觉认识。乐于以正确的道德标准来约束自己、规范自己,是一项群众性的工作。职业道德也不例外。

我在一生从事科学技术工作中,深感提倡科学道德的重要。我经常想,除了普遍的社会道德规范外,科学道德还应当有哪些特殊的要求呢?1942年,在中国工程师学会成立三十周年时,我就曾在董事会上提出过制定《中国工程师信条》。后经讨论,定为八条。内容大体是:工程师要"认识国家民族之利益高于一切";"不慕虚名,不为物诱,维持职业尊严";"实事求是,精益求精,努力独立创造,注重集体成就";"勇于任事,忠于职守,互切互磋,精诚合作",等等。当时,虽然还不懂得也不可能用共产主义道德标准来要求工程师,但是,就这几条,在那国难当头的岁月里,广大爱国工程师都一致拥护,自觉地以此为行动准则,还是起到了良好的作用的。

如今,时代不同了,祖国发生了翻天覆地的变化。作为工人阶级一部分的科技工作者,更应当以共产主义道德规范来要求自己。首先要热爱社会主义祖国,坚持四项基本原则,有振兴中华的决心。同时要注意发挥集体力量,扫除私心,为提高整个中华民族的科学技术水平贡献自己的一切。我们这些老年科技人员,更应当把提携中、青年,奖掖接班人作为自己义不容辞的责任,作为我们对四化建设的一点贡献。

原载 1982 年 6 月 4 日《文汇报》

怎样看待搞"永动机"的问题

在今年①7月23日的《工人日报》上,刊登了余巧成同志的一封信,报导他们厂里有一位工人同志,硬要搞"永动机",别人劝他不要搞,告诉他这是违反科学上的"能量守恒"定律的,但他不相信,认为"世界上没有的,我们要有",并说:"书上讲的并不都是对的。"后来《工人日报》请教了钱学森同志,把他的答复登在报上,不知那位厂里的工人同志看了报以后的反应如何,他是被说服了呢,还是依旧坚持"前人没有搞成功的,我们要搞成功"呢?

我认为,那位工人同志所要搞的"永动机"和钱学森同志所论证的"永动机",可能并非同一回事。工人同志所要搞的是"不用电动机也能使机器转个不停,或者只要很小功率的

---

① 指1965年。

电动机,就能拖动大功率机器"。我猜想,他的目的是:给了机器一定的能量以后,它就能转个不停,而不需要另一个转个不停的电动机来带动它,或者用一个小功率的电动机而能拖动一个原来需要大功率的电动机才能拖动的机器,并非要那被拖动的机器能发出比电动机还大的功率。后一个问题是改良设计、提高效率的问题,不属于"永动机"的范围,因为被拖动的机器有一定的作用,如果作用不变而内部机件简单化了,或者机件的材料改进了,需要拖动它的电动机的功率不是可以减小吗?值得讨论的是前一个问题。

我们知道,一个物体所以能动,是因为有了能量的缘故,能量不变,运动不变。骑自行车,脚蹬一次,就是给车一次能量,如果路对车以及车的内部都没有摩擦(这是不可能的),车就走得不停。但摩擦是必然有的,克服摩擦是需要能量的,因而车的能量逐渐减少,而车就逐渐慢下来,以至于停止不动。因此,要想搞一个"永动机"式的自行车是不可能的,其权不在我,主要在于路面的摩擦。但有的东西就不一样。比如我们日常用的时钟,普通的都是上一次发条(就是给一次能量),只能走一天,或几天,但有一种钟,上一次发条就能走四百天,上发条时所给的能量差不多,但这两种钟所能起的作用,却大不相同。我想上面说的那位工人同志所要搞的机器,就是要搞成像那四百天的钟一样,而并非真正永远不停的"永动机"。机器本身的寿命就不是永久的,如何会要使它永动不停呢? 如果是这样,那位工人同志并没有错,可惜的是,别人硬要为他带上一顶要搞"破除科学"的帽子。

四百天的钟是几十年前就发明了的,因为后来有了电钟,它就不行时了。如果利用原来的设计思想,采用今天的新材料、新技术,我想要制造一个上一次发条而能走十年的钟,也许并非不可能。这种钟该有一点点的"永动机"的味道吧!

四百天的钟为什么有那么高的效率呢? 因为它所用的"摇摆",不同于普通的"摇摆",因而钟内能量的损失极少,普通钟一天所损失的能量,在它要四百天才损失净尽,这就是它的秘密所在。至于这种钟内其他机件的摩擦阻力,也是和一般的钟一样的。可以设想,如果把这四百天钟内机件之间的摩擦阻力,大大减少(现代的轴承已有能让轴轮每分钟转50万次的,其摩擦阻力之小,可以想见),这个四百天的数字不是可以大大增加吗? 这就表明,这时,钟内能量的损失,必然非常之小。假如这能量的损失,真正到了微不足道的时候,也就是说,钟内的能量,竟然能守恒起来(当然只是接近守恒),那么,这个钟不是更像一个"永动机"吗? 所以,"永动机"就是"能量守恒机",说"永动机"是违反"能量守恒"规律的,不是有点奇怪吗?

茅以升全集 ❼

其实，"永动机"是合乎宇宙法则的，所有自然界一切物质都是在永远运动着的。恩格斯说"运动是物质存在的形式"，大至天体，小至电子，都是自然界的"永动机"。如果说这是天生的，那么，巧夺天工的人造卫星呢，它不是已经有了"永动机"的味道吗？它现在好像四百天钟，还处在创始阶段，将来会不会有一天，把人造卫星造得简直如天空星球一样，利用太阳能，来补给它损失的能量，那么，这不就是一个十足的人造的"永动机"吗？

况且，"能量守恒"这条规律，现在看来，好像是绝对真理，但是将来如何呢？"能量"本来就是一个概念，用来表明物质和它的运动的存在。更基本的概念是"动量"。将来科学发展，对于"动量守恒""能量守恒"等等的规律，会不会有新的解释或补充呢？一千年，甚至一百年以前科学界公认的绝对真理，现在不是已经被推翻了不少吗？

也许"能量守恒"这条规律能够永远维持下去，如同"永动机"永远转动一样。我们工人同志们绝不对它怀疑，绝不会搞什么违反这个规律的技术革新，因为自然界的客观规律，不论在宇宙间或是工厂车间都是一样的。但是，对于"永动机"，工人们和科学家的看法，可能不像对"能量守恒"规律的那么一致，因为对这"永"字的体会不同，科学家的"永"是宇宙间的"永"，而工人们的"永"是工厂车间的"永"。科学家的"永"是无限的,而工人们的"永"是以机器的寿命为极限的。如果有一种机器,给它一定能量以后,它就能一直转动到它寿终为止,哪怕只有几十年,几年工夫,对工人们说来,这就是地道的"永动机"了。工人们该不该硬要搞成这样的"永动机"呢?能不能搞成这样的"永动机"呢?我认为这样的"永动机"是可能搞成功的。"前人没有搞成功的,我们要搞成功!"

如何搞法呢,就是要最大限度地减少机器内部的各种阻碍机器转动的因素,如同摩擦阻力等等。这些阻碍因素是"永动机"的"敌人",我们要"消灭敌人",而并非想"创造"能量,或者"剥削"自然界。这正是技术革新的头等任务。我们要"物质变精神,精神变物质"!

原载 1965 年 9 月《新建设》

附录：

关于"永动机"问题答读者问[①]

最近，我去茅以升同志家约稿，顺便谈到工业中的技术革命、技术革新问题。他说这是全国贯彻执行总路线和自力更生政策中的一项伟大的科学实验运动，凡是有利于"双革"的一切创议，都该大力支持。他谈到去年7月我报发表的钱学森关于"永动机"问题答读者问，他说看了钱学森的信，当时很有触动，感到这封信的影响太大了，会不会产生副作用。直到现在，还不时想到这件事。下面就是他对这个问题的一些看法。

他说：钱学森同志的话是对的，代表大多数科学家的意见。但是，工人同志听了，能不能接受呢？工人如果不接受，有没有科学根据呢？我想是有的。"永动机"是搞不成的，这对科学家来说，是早已清楚的问题了。但是，工人同志说："世界上没有的，我们要有，前人没有搞成功的，我们要搞成功。""书本上讲的并不都是对的。"这个对立面，能不能统一

[①] 本文是《工人日报》记者根据采访笔记整理而成，可以和《怎样看待搞"永动机"的问题》互印。原载1964年4月30日《工人日报》"情况反映"专栏。

呢？我想是可以的。

科学家和工人们看问题的角度不同，对名词的理解不同，历史上的传统也不同。

科学家所谓的"永动机"是输进一次能量以后，就能万古长青，永动不停，而工人所要的只是输进一次能量以后，能长期持久地转动不停；多长久呢，随着技术发展而定，他们绝不是要搞走一万年的机器。工人们理解的"永动机"，实际上只是"久动机"。

科学家的"能量守恒"指的是自然界的能量不能创造，又不能消灭，而只能转化，因而整个宇宙间的总能量是有一定数量的。但是，工人们的"能量守恒"是指一部机器而言的，机器开动以后，当然有能量输出，用来弥补摩擦、震动、发热等等损失，然而这里的损失，能否减至最小限度呢，而且除了利用人工燃料输入能量以外，能否从自然界如空气、日光、水流等等吸取能量，来部分抵消能量的损失呢？

工人们的"永动机"与"能量守恒"，是并不冲突的。（谈到这里，他给我看了他家的一座钟）这座钟，上一次发条，能走四百天，是一百年前发明的。他说，如果用今天的新材料、新技术，来制成一种钟，上一次发条。走十年，也许是可能的。这不就有了一点点"永动机"的味道吗？

从科学发展史看，"永动机"的思想，起源甚早，欧洲在 18

茅以升全集 ⑦

世纪时就盛极一时，公元 1775 年，法国科学院就拒绝接收关于"永动机"的论文，因为那时科学家就认为这是搞不成的。但是他们的论点，并不是"能量守恒"这个挡箭牌，因为这个理论，到公元 1850 年，才为科学界所接受。可见，科学家对"永动机"很早就有成见了。其实，地球和行星，从远古以来，不就是"永动机"吗？虽然科学家还指出，它们仍有不"永"之处。那么，一个原子里的电子呢，这该算是地道的"永动机"吧！如果说，这是"天"搞成功的，那么，人搞成的人造卫星，将来总会成为"永动机"吧！科学发展无止境，将来把"永动机"搞成个什么样子，也许就是一个"能量守恒"的"永动机"！

当然，"能量守恒"是不能违反的。然而这也是就我们现在的科学水平而言。到底这个学说是不是"铁板一块"呢？有人就不承认它是科学"定律"，而只说它是"定理"或"原则"，因为它只是过去的科学实践所证明的。最初的"能量守恒"是对"机械能"而言的，后来发现，要把"热能"放进去才"守恒"。总之，是要它"守恒"，总可找到一种能量来凑数。

从哲学观点看，任何物质都是"永动机"，因为"运动是物质存在的形式"（恩格斯语）。工人们所说的"永动"，当然并不光是"动"，而是要"动而做功"，要能生产，如何能"永动"或"久动"呢？我有几个粗浅的想法：

最明显的办法是"少输出"，即机器在完成任务时，输出能量愈少愈好。比如简化机器构造、改进部件材料、提高制造工艺、加强润滑效果等等。这里最大的问题是"摩擦",在克服摩擦的问题上,"滚珠轴承"的发明就是个贡献。在这个意义上说,"永动机"就是高效能的机器。

第二个办法是"多回收",就是把已经输出的能量,设法回收过来,废物利用。比如蒸汽机的废气,本来是排入大气中的,但如排入一个"凝汽器",则废气的能量就可重新利用了。

第三个办法是"夺天功",以补人功之不足。就是利用太阳的光与热、空气的温度和气压的变化、风力、水力,等等。用自然界蕴蓄的能量做"功",以补人工燃料,如煤、油等做"功"时的能量输出。机器内装上太阳能电池,就是一例。动植物都能利用太阳、空气、雨水,为什么人造的机器就不能利用呢?

第四个办法是"挖潜力",利用物质内部潜藏的巨大能量。如同放射性同位素、激光、宇宙线等等,可能解决某种机器最关键性的能量问题。

当然还有其他办法,目的是维持机器的能量,尽量"守恒",使机器工作时间延长,接近"永动"。

近代科学技术来自西方,然而在我国发展科学技术有自己的道路!这就是突出政治、走群众路线的"三结合"道路。

我们的科学家和工人们携起手来,在赶超世界先进科学水平的斗争中,将突破束缚创造永动机的旧框框!

*   *   *

茅以升同志最后还说:对上述两种意见,如果在报纸进一步开展讨论是很有意义的。开展讨论可能有两种结果:①争论不休,谁也不服谁;②影响很大,对解放思想很有好处。如果可能,开个各方面人士的座谈会,在报纸上发表是很有好处的。

对本报"学科学"副刊的建议

茅以升同志对我报的"学科学"副刊还提出许多宝贵的建议。他说:"学科学"副刊很必要,版面大小都可以,但主要应该搞"双革",鼓励工人推动技术革命、技术革新。应讲科学技术,也讲科学道理。大专业的知识可以不搞,但像"永动机"这样一般性、有针对性的问题可以好好搞一些。主要起两个作用——

①普及科学知识,有针对性地普及一般科学原理;

②宣传科学技术为政治服务;宣传科学技术中的辩证法。

这是符合广大工人需要的。现在工厂里"双革"搞得热火朝天,应该热情关注。

要为工农兵掌握科学理论开方便之门。

茅以升同志对前些日子《红旗杂志》编辑部文章《工农兵群众掌握科学理论的时代开始了》也很有感触。他说:"为工农兵掌握科学理论开方便之门,必须打破科学理论的旧框框——从学科科学走向专业科学。因为要工人用业余时间系统地学习数、理、化,然后再分专业学习是不可能的,也是不必要的。工人要搞一项技术革新,也没必要去啃那么多与他的革新项目无关的理论。当然,读大学的,系统地学还是必要的。工人是生产的主人,是实践者,但过去的历史却是科学家掌握理论,我们这个时代提出工农兵掌握理论,这是了不起的事情。工农兵如果普遍掌握科学理论,将会更好地推进'双革'。"

为赵县来者做的问题解释①

（1）关于"被动压力"问题。

一道墙，后面堆着高填土，墙在"挡"土时，墙与土之间，就有"土对墙"和"墙对土"的相互压力。如果土多，墙被迫而使墙头"向外倾侧"，这时墙与土间的压力，叫做"自动压力"。

---

① 20世纪60年代，赵州桥的义务护桥干部苏明义（后为文物保管所所长），为宣传赵州桥，编写资料，遇到很多难题，无法解决。无奈，他想求教于著名桥梁专家茅以升，但苦于和这位专家毫无交情，又不知道他的通信地址，十分为难。后经打听他得知茅以升在铁道部工作，他就把写给茅以升的信试投到铁道部。一个多月以后，这封信几经周折才到了当时还在铁道科学研究院工作的茅以升手里。凭着一位科学家的良知和敬业精神，在不到五十天的时间里，茅老亲笔回了四封信，信中对苏明义等同志热心宣传古桥、主动保护文物的行动表示赞许，并寄去关于编写赵州桥小册子的四条建议和对《安济桥铭》中几个难点的解答以及研究赵州桥的珍贵资料。更重要的是，还寄去了苏明义等同志渴望得到的关于赵州桥的《问题解释》。为使这些非专业人员能看懂这些"解释"，茅老还在《问题解释》中增加了插图。足见这位桥梁专家对学问的严谨态度和诲人不倦的高尚品格。这篇关于赵州桥的《问题解释》有很高的科研价值，不仅解除了苏明义等人当时的疑惑，而且对现在和将来的文物研究工作者研考赵州桥都有指导作用。

如果墙外有推力，迫使墙头"向内倾侧"，这时墙与土间的压力，就叫做"被动压力"。同样一座墙，同样一堆土，"被动压力"比"自动压力"大得多。大石桥的小拱，伏在大拱上面，大小拱之间所产生的"自动压力"和"被动压力"，和墙与土间产生压力的情况，大体相似。大石桥的大拱，在一半长度上有车重，另一半长度上无车重的情况下，无车重的那一半长度的拱圈，就会被迫"隆起"（即向上弯）破坏全桥的"稳定性"，

如图。现在，大拱上有小拱，在小拱与大拱的接触处（小拱脚），由于大拱的隆起，而产生"被动压

←隆起

力"，这个"被动压力"就抵抗住这个隆起的趋势，而保持了全桥的平衡。如若大拱上没有小拱，而完全是填土，桥的形式成为"实心拱"，那么，填土对大拱的隆起部分，虽然也有"被动压力"的作用，但不如小拱拱脚处的力量集中，而且填土往往松紧不一，不够坚实，影响所能发挥的作用。

（2）关于桥宽的"收分"问题。

为了加强 28 道拱圈的联系，在各种措施中，有"桥宽收分"的一项，即将每一道拱圈的宽度（水平方向的衡量，拱圈厚度为垂直方向的衡量），从下到上，逐渐减少，拱脚处大于拱顶处，使各拱圈都向"桥宽中心线"倾侧，来抵制向外倾侧

的危险。罗英说"每圈拱石宽度,各不相同,自 25 公分到 40 公分不等","拱顶较拱脚窄 60 公分"(《中国石桥》,第 170 页)。这个 60 公分就是全桥宽度的"收分";梁思成在《赵县大石桥即安济桥》一文(见《中国营造学社》汇刊,第 5 卷第 1 期,1934 年 3 月出版,第 11 页)中说"这桥的建造是故意使两端阔而中间较狭的","北端两旁栏杆间,距阔 9.02 公尺[①],南端阔约 9.25 公尺,而桥之正中,则阔仅 8.51 公尺,相差之数,竟自 51 公分,乃至 74 公分"。这里所说 51～74 公分的"收分"和罗英所说的 60 公分的"收分",是大致符合的。

(3)关于敞肩拱所省的石料问题。

我的一文(《文物》,1963 年 9 期,第 42 页)中说,四个小拱,节约石料二百多立方米,减少大拱圈上重量五百多吨,相当于桥身自重的五分之一。罗英说,四个小拱"减轻桥身静重 15.3%"(《中国石桥》,第 180 页),合 700 吨。应当以罗书所说为准,节约石料 700 吨。

(4)关于建桥年代问题。

这在各记载中,都无确切说法。俞同奎一文中说"可断定是开皇末年兴修,经过仁寿四年,到大业初年完成,当不致有大错误"(《文物参考资料》,1957 年 3 期,第 17 页,右栏),

---

① 公尺:米。

又说"这十九年间（公元 589～608），尤以后几年的可靠性为大"（同上，第 17 页，左栏）。因此，我的一文中说"建成于隋代开皇末年至大业初年"（《文物》，1963 年 9 期，第 40 页），又说"这就把建桥时期提前到公元 605 年左右了"（同上，第 44 页），其实都是经过分析的揣测之词，如假设为公元 600～610 年，也许更为恰当。

（5）关于桥的护拱石问题。

罗英说"拱背上两侧和两端小拱下，盖有护拱石（伏石）一层，平铺拱背，靠拱脚处的厚度约 30 公分，向上逐渐减薄，到拱顶为 16 公分"（《中国桥梁》，第 170 页），和你们观察所得，正相符合。

（6）关于大石桥的传说问题。

古代有名建筑物，都不免有各种传说，具有宣传意义。对于大石桥，我认为选择其中无害而又能表达历代人民对祖国文化遗产的崇敬心情的，来介绍一些，似乎还是可以的。

（7）关于你们《安济桥介绍》一文的补充问题。

在安济桥建成后，风声所播，有很多地方（如河南、山西、浙江）也跟着造了类似的敞肩拱桥，可见当时各地造桥已经理解到安济桥的优越性，这点似可补充，来说明我国古代造桥技术的发展。在介绍安济桥的同时，也可约略提到祖国其他各地的特殊桥梁，如泸定桥、卢沟桥、洛阳桥、安平桥、广济桥等等,以示祖国的伟大。

（8）关于罗英、俞同奎问题。

据我所知,罗英是个工程师,政治历史无大问题,已于1964年夏在上海病故。俞同奎是搞科学的,对度量衡的公尺、公分制有贡献,是创意人之一,听说他于1960年左右在北京病故。

1969 年 9 月 25 日

问题解释

对于"卢沟桥及宛平县城的勘察"
一文的意见

本文介绍对卢沟桥及宛平县城的实地勘查资料,对于古物研究,很有帮助。

关于卢沟桥的"形制与结构"的说明中,有几点似有待于继续研究:

(1)第 26 页左栏中所提"插架法"建筑,是否指"打桩而言",颇成问题,因"卵石层厚达数米以上,而且非常坚实",在其中打桩是极为困难的,而且厚层卵石本身,就是很好基础,无须打桩。

(2)第 27 页左栏"拱券只压于桥墩的南半部",似非事实,因拱券是应压于全部桥墩的。

(3)第 27 页右栏"矢跨比率在一比三点五以上的古代联拱石桥,还是不多见的"。关于拱桥的"矢跨比",南方的桥都在一比二左右,因桥下要行船,桥拱必须隆起,北方的都在一比三或更大，因为桥上要行车，桥面必须平坦，这并非卢沟桥的特点。

（4）第25页右栏：第（十三）段云，"将两旁石栏，临时拆除，于两侧添搭木桥板，事后仍将石栏照旧恢复"恐非事实，因棺椁宽度未必大于桥的宽度，纵然较大，也可将棺椁抬高过桥，无须拆除桥的石栏。

（5）第23页左栏"赤栏当系桥的赤色木栏杆"。石桥上用木栏很少见，《北梦琐言》所载，当系指河边的"赤栏"而言。

（6）第23页右栏："这座我国北方最大的古代石桥"，应指石拱桥，而非所有的石桥。

此外，第26页右栏及第27页左栏的两个表内数字，应注明系指公尺。

统观本文内容，系对已经保护的石桥，做了进一步的说明，当然有其一定的价值，但定非对新发掘的古物的研究可比，是否应在《文物》这样重要的期刊中，占有篇幅，似还值得考虑。

1972 年 8 月 8 日

纪念近代科学先驱者
和伟大艺术家——达·芬奇

在 1452 年 4 月 15 日,达·芬奇诞生于意大利的佛罗伦斯附近的芬奇村。那时正当欧洲文艺复兴时代,他少年时期在一个画室里学画,经过十一年的绘画工作,首先在美术和音乐方面,显示出他的特殊天才。他不仅学习的热情高,对周围接触的自然现象都有浓厚的研究兴趣。他有丰富的理想和伟大的创造力,他勤劳不倦地钻研、实践,开拓了艺术和科学方面的发展领域。

达·芬奇除了在艺术上有辉煌的成就外,他更系统地发掘了在当时认为神秘而不可思议的科学真理,大胆地向迷信的传统挑战,为后代科学研究开辟了广阔的途径。

达·芬奇的科学天才是多方面的。他在天文、地理、建筑、机械、生理、解剖、光学、力学、数学等各方面,都有特殊的擅长。由于他富有研究兴趣,在当时一般人尚盲目地颠倒于星相家、巫术、炼金术的时候,他已独具慧眼地接触到宽广的自然界,并考察、发现了它们的运动规律,初步认识了他们的相互联系。这些创见和方法,对于此后五百年的科学进步所引起的作用,和对人类文明的贡献,是无法比量估计的。

达·芬奇曾设计过伟大的工程。他为改善意大利罗米里及其附近伦巴底平原灌溉系统的工程设计,曾特别注意到公共卫生的需要并详细地研究了山脉的结构,河流的动向以及风雨雷电的影响。他又企图开凿从毕萨到甫路勒斯①间的运河,虽未实现,但在二百年后,这条运河的开凿仍是根据他的设计的。他在担任凯沙·波而查战事总工程师时,亲自做过测量,监修过运河,修建过海港。在米兰的卢多维珂·斯佛尔查宫廷时,设计过米兰教堂和舞台的建筑。

达·芬奇有很多机械上的创造,他在修筑运河时,发明了独特的牡牛浚渫器,利用牡牛重量,来转动挖泥铁桶,转运轻便迅速,与现代机械浚渫机的作用相同。又创造了与现代坦克结构相似的武装战车,和活塞蒸汽大炮。在他笔记中,有他想象中的飞机图案,有应用发动机的汽车图样。他制造过一个与近代自动记载磅秤相似的仪器,他又发明过一个纺纱机内便利绕线的纱锭附件,其他如现在尚通用的钉在门户上

---

① 即从比萨到佛罗伦斯。

的螺旋条碟器，与汽车上所用相同的锁轮等，都是他所创造。

在哥白尼发表"地动论"之前，达·芬奇已经否定了"地球中心说"，他说："太阳才是不动的。"他主张地球是围绕太阳旋转的。在伽利略发明望远镜的一百年前，达·芬奇已在他的笔记中，提出了创造一架眼镜，可将月球扩大来观察。在牛顿发现万有引力二百年前，达·芬奇便提到重力的法则。在哥伦布以前，达·芬奇不仅主张地球是圆的，并且计算出地球的直径有七千余英里。在16世纪初叶，他绘出的世界地图，已有了阿美利加和南极大陆的字样。此外如数学上加（＋）减（－）符号的初试，水力学里的毛细管现象的发现，近代照相机的投影原理，树木年轮和植物叶的分布原理以及研究科学的重要法则"归纳法"，都是他对科学的重要贡献。

达·芬奇为了提高绘画和雕塑的艺术，同时研究了人和动物的解剖、肌肉运动、细胞、血球等学说。在绘画的造诣上，不仅打开了古本临摹的局限，并因不满足于单纯的色彩和轮廓，而发现了最能吸引人注意的光线明暗的变化，从而深入研究到透视、光学和眼睛生理学以及光线在水中的折射等问题。他为了建造一个骑马的卢多维珂·斯佛尔查纪念碑，便潜心研究马的动作和马的解剖学以及青铜大量铸造术。他对四周环境，感到热烈的兴趣，对于一切活的人物，活的自然，竭力研究和探索其中的真理。他说："机械学是科学的乐园。"又说:"勤劳一日,可得一夜的安眠,勤劳一生,可得幸福的长眠。"他的一生,都在不断地求知,不断地劳动,他这样积极奋斗自强不息的精神,就是他获得辉煌成果的动力源泉。

达·芬奇在艺术和科学方面的造诣,都是多方面的,表现出他的不平凡的思想力。这一切是通过他一生不断的求知和劳动而获得的,他的人生观是充满着这种崇高理想的。他最喜欢的两句格言是:"水若停滞,失其纯洁;心不活动,精气立消。"他的头脑是永远燃烧着的熔化各种学理的洪炉。他和一般人是同样地属于某一时代的产物,但他没有停止在那一时代的阶段上,而是大大地向前迈进了一步。在当时宗教观念强烈地统治着人们的思想时,达·芬奇征服自然的各种创造发明,最有力地对旧的堡垒进行了无情斗争。他虽没有像布鲁诺的惨遭火刑或伽利略的被流放,但他的许多科学成就都未为当时人们所重视。尽管如此,他仍然孜孜不倦地为了征服自然,为了广大人民的利益进行各种创造活动,这正是他高贵品质的表现和光辉成就所由来。

达·芬奇生于战争频繁的时代,他富于正义感,坚决反对战争。他在笔记中,把战争解释为"兽性的疯狂"。在建设与破坏的两条截然不同的道路上,无疑的他选择了和平。

在他的一生,对于科学发明方面,一切记载都很少提到他有无共同商榷研究的忠实助手和朋友。他所有的伟大理想和计划,多半是数十年或数百年后才得到实现和证明,但他在人类进化史上,已占了一个极其重要的地位。我们对这一位天才的科学家,并不感到他在生前的踽踽独行,相反,他正和五百年来千百万正义的、爱好和平的科学工作者,呼吸相通。他应是一个最不孤寂而同调最多的科学家。

恩格斯在他的《自然辩证法·导言》中叙述欧洲文艺复兴时代时曾说:"这是一个人类前所未有的最伟大的进步的革命,这是一个需要和产生巨人的时代,需要和产生在思考力上,热情上与性格上,在多才多艺上与广博学识上的巨人的时代。"列举出在文艺复兴时代的几位杰出的人物,而以列奥纳多·达·芬奇为首,说他:"不仅是一个伟大的艺术家,并且是一个伟大的数学家、力学学家和工程师,他在物理学各种不同的部门中都有重要的发现。"(恩格斯:《自然辩证法》导言,解放社版,第3页)

在今天,在伟大的时代,我们需要杰出的人物,同时也正产生着杰出的人物。达·芬奇为了人类幸福致力于征服自然,不断追求真理,追求进步,他辛勤的劳动和丰富的创造,正是鼓舞我们前进的一个好榜样。

原载 1952 年 5 月 11 日《光明日报》

中国杰出的爱国工程师——詹天佑

我国科学技术界和广大人民,以景仰和自豪的心情,纪念19世纪末20世纪初我国最杰出的爱国工程师詹天佑一百周年诞辰;纪念他建成了第一条完全由中国工程技术人员设计、施工的铁路干线——(北)京张(家口)铁路,在我国铁路建设史上写下了光辉的一页;纪念他为我国铁路工程技术的发展,做出了卓越的贡献;更纪念他蔑视帝国主义,发愤图强,自力更生的爱国主义精神和踏实钻研、同工人结合的作风。

1861年4月26日(清咸丰十一年三月十七日),詹天佑出生在广东省南海县。他祖父原来开设一家茶行,在鸦片战争中,被英国的军舰大炮轰垮了,他父亲只好过着穷苦的生活。詹天佑幼小时,就常听到"平英团""升平社学""佛山团练局"等人民抗英武装斗争的故事,从小就种下了爱国主义思想的种子。

詹天佑 11 岁时（1872 年）被清政府派遣第一批出洋留学。他在美国学习了近代的科学技术知识，接触了资本主义的物质文明，同时也亲眼看到了美国社会存在着的许多不平等现象，尤其是对华工的种种虐待歧视。他中学毕业后，曾报考美国陆海军学校，美国国务院的回答是："这里没有地方可以容纳中国学生。"就这样极端轻蔑无礼地拒绝了他的要求。詹天佑深深感到祖国地位的低落和中国人民受到的耻辱。他努力寻找祖国贫弱的原因和挽救祖国的出路，在具有资产阶级改良主义思想的老师容闳等人的影响下，他认为只有通过修筑铁路，建造工厂，开发矿藏，发展科学技术，才能使祖国富强起来。因此，他决心学习科学技术，为祖国服务。1878 年，他考入美国耶鲁大学土木工程专科。他学习非常努力，成绩优异，入学第一年数学考试成绩就得全校第一名，他的毕业论文《码头起重机的研究》得到很高评价。1881 年，他以出色的成绩毕业，同年秋天和同学们一起回国。

1888 年，天津铁路公司总经理伍廷芳聘请詹天佑为工程师，参加修筑芦台到天津的铁路（这条铁路以后延长为关内外铁路，即现在的京沈铁路）。他是第一个担任铁路工程师的中国人。从此，他终身都为了中国的铁路建设事业而奋斗。他参加修筑铁路后，在实践中积累了丰富的经验和本领。他参加了当时最艰巨的滦河大桥等的修建工程,并显示出他已经是一个优秀的工程师了。1894 年,英国土木工程学会推选詹天佑为会员,这是外国人第一次吸收中国人参加其有较大代表性的学术团体。

我国的铁路一开始就被帝国主义所控制,用做对我国进行经济、政治、军事、文化侵略的工具。尤其是 1894 年中日战争后,西方资本主义国家已进入帝国主义阶段,加紧了对殖民地的分割,当时的我国成了列强争夺的最后一块"大肥肉"。各个帝国主义国家开始了对中国铁路建筑让与权的疯狂的争夺,争先恐后地在我国抢占修建铁路的权利,铁路沿线成了帝国主义的势力范围,我国面临被帝国主义瓜分的危险。当时,具有爱国主义思想的我国人民提出了"中国铁路应修自中国人"的爱国口号。詹天佑在铁路工地上亲眼看到帝国主义分子侵略我国的暴行和我国人民的反抗斗争,他下定决心:一定要为祖国修建完全由我国人民自己来修的铁路,不让帝国主义霸占掠夺。

1900 年,我国人民发动了伟大的反帝爱国斗争——"义和团运动",帝国主义为了镇压中国人民革命斗争,派遣侵略军队占领了关内外铁路,利用它来运输军队屠杀中国人民。1901 年,詹天佑毅然离开被"八国联军"占领的关内外铁路,到长江以南的萍醴铁路工作。1902 年,"八国联军"强迫清政府签订卖国投降的《辛丑条约》抢夺了许多权利后，将关内外铁路"归还"中国。詹天佑被派参加接收关内外铁路的工作。他日夜忙碌，栉风沐雨，恢复了饱受帝国主义蹂躏的关内外铁路，并继续展筑，不久，这条铁路就全线竣工。

"戊戌变法"和"义和团运动"失败后，新兴的民族资产阶级开始了独立的政治和经济运动，在经济方面，全国出现了"拒借洋债、拒用洋匠、收回权利、自办铁路"的群众运动。全国各省几乎都成立了商办铁路公司，要求修筑铁路。1905年，在人民的压力和帝国主义国家自相矛盾的情况下，清政府决定派詹天佑为总工程师，负责修建京张铁路。这个消息一传出，马上轰动了全国。

京张铁路长约二百公里，经过内外长城间的燕山山脉。这条铁路是联结华北和西北必经的交通要道，也是古来军事上兵家必争之地，它具有重大的经济、政治、军事意义。英国等帝国主义国家早就垂涎欲滴，想夺取这条铁路，控制我国北部。英国工程师金达曾秘密勘测过这条线路，他发现这条铁路工程十分巨大，尤其是从南口到岔道城一带，叫做"关沟段"的地方，要在悬崖绝壁之上修起一条陡险的铁路，穿过古称"天险"的长城要塞居庸关、八达岭。铁路要通过八达岭，按照欧美的设计，必须开凿一座长达六千余尺的隧道，工程的艰险为当时世界上所少见的，帝国主义分子认为我国人根本不可能担负这样艰巨的工程。他们到处发表诬蔑中国人民的谬论,说什么"会修铁路通过关沟段的中国工程师还没有出世!""中国人想不靠外国人自己修铁路,就算不是梦想,至少也要过五十年才能实现!"这群帝国主义分子都等待着詹天佑的失败,好出面夺取京张铁路。

詹天佑知道修筑这条铁路有很大困难,但他决心要用中国人民自己的力量修成京张铁路,来驳斥帝国主义者的谰言。他先后勘测了好几条路线,根据经费、工期和地形等条件,认真比较,最后选定了现在的线路。对全线最困难的八达岭隧道,他在现场进行了反复的勘测,和我国工程师、工人、当地居民共同研究,大胆推翻了外国工程师的设计。按照他们的设计,铁路在爬山时,每升高一尺,要有至少100尺长的线路,因而上升很慢,山腰隧道很低,需要很长的隧道。詹天佑为了要缩短隧道长度,就把隧道抬高,但这就要求非常陡峻的铁路"坡度",因此他采用了两个办法,一是把升高一尺所需的铁路长度,从100尺减至33尺,准备将来行车时,用两个火车头牵引列车,来克服上下陡坡的困难;二是在青龙桥车站附近,修筑一条"人"字形铁路,也用很陡的坡度,使火车先往东走一段,升高一层,然后"折返",再往西又走一段,再上升一层,因而在原有有限回旋余地的半山中,就把铁路大大抬高,也就是把隧道抬高,来减少隧道的长度。这样,八达岭隧道的长度就降低到外国工程师设计的一半。他还取消了鹞儿梁、九桥等地的隧道，大大节省了工款，缩短了工期。

　　为了争取早日修成京张铁路，詹天佑运用了分段勘测、设计、施工和分段通车的方法。在这里，他对我国铁路的技术标准，又树立了一个良好模范。那时，帝国主义者为了推销它们的铁路器材，想使我国铁路的技术标准都跟着它们走，如"轨距"一项，就有英美制、比法制、日本制、俄国制等等，纷然杂陈，非常混乱。詹天佑坚持采用适合我国情况的1.435米的标准轨距，树立先声，以便将来全国铁路都可"车同轨"，畅通无阻。1905年10月，丰台到南口的第一段工程开始动工，同时继续进行第二、三段的勘测设计。不到一年，第一段工程完工，丰台到南口就先行通车。这时，第二、三段已完成勘测设计，不久就陆续开工。

　　京张铁路的第二段就是有名的"关沟段"，共有四座隧道，这是全线工程的关键。开工后，詹天佑一直住在工地上亲自指导施工，注意吸取工人建议，研究改进施工方法和劳动组织。八达岭隧道太长，如按一般方法仅从两端施工，工期势必太久。因而他采用了中部"凿井法"，从山顶打下两口直井，达到路基后再分两头向峒口开凿，加上两端峒口，一共有六个工作面同时施工，把一座长隧道变成了三座短隧道，使工期大大缩短了。他工作认真细致,测量打线都要一再复核,尽力避免错误,八达岭隧道接通时,尺寸和原设计完全相符。在八达岭隧道的施工过程中,他们曾遇到缺乏经验、没有机器设备、石质坚硬、通风不畅、峒顶漏水等许多困难。詹天佑以对祖国荣誉负责的态度来对待这些困难的考验。他经常和工人在一起商量问题,有一次他对计算一种土石方的工作量感到困难,就请教一位工人,那位工人就用算盘把它解决了,他非常高兴。他在施工过程中,总用最简单而最有效的方法来克服困难。他对工程检查,最为认真,时常拿一根铁签和一桶水,在混凝土表层打一小洞,灌进水,看透水情况来察看质量,这个方法为工人们采用,直到现在。他藐视困难、艰苦朴素的作风,在群众中产生了很大影响。他说:"我国地大物博,而于一路之工,必须借重外人,引以为耻。"(《京张铁路工程记略叙》)参加修筑京张铁路的全体中国职工,"上自工程师,下至工人,莫不发愤自雄,专心致意,以求达其工竣之目的"(《旅汉同学会新年大会演说词》)。就在这种高度爱国主义精神的鼓舞下,他们团结一心,努力工作,终于克服了重重艰苦困难,出色地完成了这项空前巨大复杂的工程,只用了 18 个月就把八达岭隧道打通了,工期缩短一半。

詹天佑注意学习我国民族建筑的传统。他采用我国自造的水泥和当地开采的石料,修筑了许多民族形式的拱桥,这些拱桥质量坚固,形式美观,而且节省了大量钢材。

詹天佑在勘测线路时,发现铁路附近有煤矿,就亲自去进行勘查。他在勘测报告中提出开发这些煤矿的建议,指出这样做有许多好处,比如就地供应铁路用煤,降低运输成本;增加铁路运输量;增加人民谋生机会等等。后来他修建了煤矿支线,适应开矿运输的需要。他在施工中时刻注意保护农业生产,少占耕地民房,尽量不使农民遭受损失,因而受到了群众的欢迎和支持。

在施工中,詹天佑很注意培养训练我国的工程技术人员。京张铁路开始勘测时,只有两个学生跟他一起工作,后来他还把其中的一个调给另一条急需工程师的我国自办铁路。詹天佑知道我国迫切需要自己的技术人才,就大胆地运用在实践中培养人才的办法,招收了一批青年做练习生,边学边做,边做边学,迅速地培养出一批土生土长的技术力量,不但担任了京张铁路的技术工作,还为我国自建铁路培养了人才。他们在我国铁路建设事业中起了很大作用。

1909 年 9 月京张铁路全线竣工。它的全部工程都是由我国人自己修建的,施工期不满四年,比原计划提前两年完成,共用工款六百多万两白银,这是当时我国修筑的成本最低的铁路干线。京张铁路完工后,国内外许多人都来参观。他们看到我国自力修建这样艰巨的工程,都啧啧称赞,连那些原来嘲笑詹天佑"狂妄自大""不自量力"的帝国主义分子，也不得不承认詹天佑和我国职工工作得"十分完善"。1909年10月2日，在南口举行了盛大的通车庆祝会，会上有各地来宾热烈祝贺这项伟大的成就。来宾朱淇激动地说："詹天佑和我国职工修成京张铁路，给我国争了口气。既然铁路可以我国自己修，那么将来一切矿山工厂也都可以由我国人民自己办。今天我国人为京张铁路庆祝，也就是为全中国的矿山工厂庆祝。"这段话表达了当时全国广大群众的共同心声。

京张铁路的修成，极大地鼓舞了中国人民的民族自信心，推动了广大群众"收回利权"，自办铁路的爱国运动。他曾亲自到京汉线的黄河大桥进行勘查，并担任了沪嘉、洛潼铁路的顾问总工程师。京张铁路通车后，詹天佑一面开始展筑张家口到绥远的铁路，一面应四川、湖北人民要求担任川汉铁路总工程师兼会办。1910年，商办粤汉铁路公司选举詹天佑为总理兼总工程师。他热情地支持商办铁路，用中国技术人员代替原来盘踞在粤汉铁路的外国工程师，使工程大有起色。但是，清政府在"宁赠友邦，不予家奴"的卖国政策指导下，把商办的汉粤川铁路出卖给英、美、法、德四国。这个卖国行为激起了全国人民强烈的反抗。1911年，以反对清政府出卖中国铁路的"保路运动"为导火线，爆发了伟大的辛亥革命，推翻了君主专制制度。詹天佑热烈地欢迎辛亥革命，觉得这是救中国的希望。他组织粤汉铁路公司的同仁，欢迎回到广州的孙中山先生。孙中山先生也十分器重他，希望他帮助实现修建十万英里铁路的计划。

1912年，辛亥革命后不久，詹天佑发起组织了中华工程师会（后改名为"中华工程师学会"）并被选为会长。他希望能把全中国的工程技术人员团结和组织起来，为建设富强的祖国而共同努力。他积极主持中华工程师学会的工作，开展各种学术活动，出版学报，还亲自编撰出版了《京张铁路工程记略》和《华英工学字汇》两部著作。前一部记叙了修筑京张铁路的经验，后一部是中国第一部工程技术的词典，这两部著作对我国技术界起了很大作用。他还举办了科学征文悬奖以鼓励科学技术著作，并组织捐款在北京买了一所房子，作为中华工程师学会的会所。这所房子就是现在北京市科学技术协会的报子街会所。

由于资产阶级的软弱，辛亥革命中途流产，北洋军阀窃取政权后，把中国铁路的许多权利出卖给帝国主义，詹天佑的理想破灭了。

1919年1月，詹天佑被派出席协约国中东铁路监管委员会，担任技术部中国代表。他这时有病，但仍日夜工作，对帝国主义占领中东铁路的侵略行动坚决斗争。并致电巴黎和会，反对帝国主义掠夺全中国铁路的毒计，揭露所谓"万国共管中国铁路计划"的阴谋。最后，他因操劳过度，病势转重，于 1919 年 4 月 24 日在汉口逝世，享年 58 岁。

詹天佑终身为祖国的富强而奋斗。但是，在帝国主义、封建主义和官僚资本主义统治下的旧中国，他的愿望根本不可能实现。只有在中国共产党和毛主席的领导下，经过了长期的艰苦奋斗，中国人民才取得了民主革命、社会主义革命和社会主义建设的伟大胜利，使祖国的面貌起了翻天覆地的变化。

詹天佑对祖国科学技术和铁路建设的卓越贡献，他的爱国主义思想和科学精神，都是永远值得我们纪念的。

原载 1961 年 4 月 27 日《人民日报》

中日友谊之火

——回忆 1955 年访日的郭沫若团长

在全国欢呼《中日和平友好条约》签订的日子里,我不由得回忆起郭沫若郭老 1955 年率领一个代表团访日时所引起的中日友谊之火。那是一个中国科学家的代表团,是应日本学术会议的邀请而去的。我荣幸地参加了,得亲眼看到了在代表团的活动中,郭老是如何辛勤地把中国人民对日本的友谊带过去,又把日本人民对中国的友谊带回来,因而能在较早的时刻,对今天的和平友好条约,做出了巨大的贡献!

在代表团赴日之前,郭老在日本已经享有很高的声望,差不多科学界、文艺界的人,无人不知中国有个郭沫若。我们在日本时就看到到处有日本出版的《郭沫若文库》的巨著的广告。由于这样的先声夺人,我们代表团在东京下飞机时,日本各团体组织的欢迎会,其规模的盛大,情绪的热烈,不但空前,而且据说是后来所罕见的。

在这次代表团访日之前，我国访日的团体已有数起，日本来访的就更多，并且在东京和大阪已在举行中国商品展览会，因而日本人民对于我国对日本的态度，已有初步了解，知道我国把日本侵华的罪责，归于军国主义者，而同情日本人民所受的苦难。这就产生了一种既惭愧又感激的心情，形成欢迎我们代表团的思想基础。

我们代表团在日本 24 天，到过东京、箱根、京都、大阪、冈山、广岛、福冈、下关等八个地方。当时日本政府官员，因怕美国干涉，不敢同代表团正式接触，但代表团所到之地，均由当地市长正式欢迎，人民群众夹道欢呼，五星红旗，到处飘扬。来时《东方红》的歌声四起，去时《东京—北京》的歌声不断。我们所到的地方，无时无刻不为许多新闻记者所包围，我们的照片和录音，随时都被广播到日本全国。特别是郭团长的一举一动，都成为报纸上的头等新闻。

郭团长在每一个地方的发言中，都强调了我国的和平外交政策，并一再提出了中日关系正常化问题，无一次不博得全场的热烈欢呼。郭老了解日本人民的心理，他们在战后摸索出路，几乎普遍认为同中国友好，对本国，对世界和平，最为有利。那时日本的一些重要地方都有了"日本中国友好协会"的组织，经常做中日友好的宣传。郭老振臂一呼，更是如响斯应。日本社会上各界代表人物中，多有热心从事于中日友好活动的,今见郭老在政治上有那样崇高的地位,而不辞辛苦,亲临访问,并带到我国家领导人的意愿,加以诚挚解说,无不增加了勇气,以得到我国支持为荣幸。这班人是日本国内争取中日友好运动的中坚分子,而几乎无一人不是多少受到郭老的影响的。我们代表团在日本的短时期中,无人不沉浸于中日友好的浓厚空气中,与日本朋友一样,都要大力争取中日关系的早日正常化。在冈山日中友协的欢迎宴会上,冈山大学的清水校长致词中说:"我们日中两国已在恋爱,只待订婚了。"引起全场的热烈响应,无人不感到鼓舞。可以说,我们代表团在日本,由郭老亲手点起了中日友谊之火,这个火在日本已经燃烧起来,这个火在和平之风的吹动下,必将会烧得越来越炽烈起来!

伟大领袖和导师毛主席同敬爱的周总理对我们代表团的这次访日,非常重视,不但在我们出发前给了各种指示,而且我们一返国,毛主席立即召见全体团员,在听了郭团长汇报后,更指出今后我们应如何支持日本人民,给予鼓励,我们全体团员都感到受了毕生无上的光荣。

以上是二十三年前的事,到了今天,我们中日两国终于签订了和平友好条约,在这漫长时间,我们两国政府和人民,该做出了多大努力,真是得来不易。在这二十三年中,我们郭老继续以中日友好协会名誉会长的身份,辛勤不懈地从事中日友好活动。他虽明知当年在日本提出的关系正常化,必将终于实现,但可惜只差两月时间,而未能亲眼看到签订的条约,以偿夙愿,真可算极大的憾事。然而在这里,郭老的功劳是名垂史册的。在全国热烈庆祝这个划时代的条约的时候,我们一定不会忘记郭老!

中日友谊之火

莫斯科的一日

今年①4月初,我们中国科学工作者代表团一行五人,往捷克斯洛伐克首都布拉格出席世界科学工作者协会大会,会后经苏联莫斯科返国。因为我们五人分作几批走,在5月22日的这一天便只剩下我一个人留在莫斯科。下面是这一天我在日记里写的几段。

"早上十点半一人上街闲步,路过国家大戏院,对面是个百货公司,不很大,但进出的人很多。进去一看,陈满各式货物,吃的穿的,应有尽有,买东西的人川流不息。"

"下午二点半参观工业博物馆。博物馆规模宏大,内有苏联生产的重要工业出品和各种工业生产程序的模型。分为电力、电信、机械、工作机、化工、纺织等部分。参观群众组

① 即1951年。

织成很多小队，每队有人引导并讲解说明。听的人聚精会神，好像上课一样。这里面特别引我注意的，是一座座庞大的计算机器，能解算高等数学里的复杂问题。参观后，馆中人要我说了简短的话并录了音。"

"晚八时，苏联科学院请我往国家大戏院观舞剧《雷梦娜》（叙一恋爱故事，是从法国小说中取材的）。苏联的舞剧（芭蕾舞）是全世界最闻名的，此剧的舞蹈、音乐、服装、布景等等无一不尽善尽美。剧分二幕，在休息时，观众纷纷离座往外面四周的圆廊散步，在这时见到莫斯科市民衣履之考究，尤其是青年妇女的美好服装。"

以上日记里所记的这一天生活，在莫斯科是极平凡的生活，然而我们可以看到苏联人民对领袖是如何地衷心拥护，在物资上精神上是享受着如何幸福的生活。他们的生活和领袖是分不开的。因此他们每年狂热地庆祝他们的十月革命，庆祝领袖的寿辰。

1917 年的十月革命对苏联人民的影响实在是太大了，在三十四年后的今天，苏联的社会从我在莫斯科所见，已进步到这样：

全莫斯科没有一寸私人的土地，没有一家私营的商店。因为他们的封建剥削阶级制度早已被打倒了。在繁荣的市街上看到各式各样的店铺、饭馆、剧场、电影院，甚至在路边上也有卖冰淇淋的和擦皮鞋的。那些店铺和小贩都属于国家,所有工作者都是国家职员。

莫斯科市占地约四百平方公里,有一百多个大学和专门学校,200个各种科学研究所,70个博物馆,800个图书室,40个大剧院。有地上电车,地下电力列车(地下道建筑之美丽伟大,世界第一)和各种公共汽车。这些市内公共交通工具每年所运客数,等于全世界的人口。莫斯科市建设费每天合1100万卢布。

全市没有失业的人,所有妇女都和男子同样工作。他们工作人员的薪水,按照性质,大概最少的每月600卢布,最多的每月1万卢布(文艺作家的自由职业者不在此限),而他们每月所付房租,不论房间多少只合薪水的5%。他们的衣服食物可随意选购,他们的子女享有七年免费受教育的权利,他们自己每年有两星期的休假。他们的教授年龄达到50岁即可退休,仍有60%的薪水。他们病时住医院多半只付房饭费。在精神生活方面,他们有各式的补习学校、函授学校和经常的政治性和科学技术性的演讲和报告。任何工厂、农场的工作者,不分男女老幼都有充分受教育的机会。他们任何人都可当选为全苏维埃的代表,都可获得最高荣誉的斯大林奖金。他们爱好文体(除本国作品外,他们且经常看到莎士比亚的戏剧),如音乐(时常参加世界音乐家的纪念演奏会)、戏曲(话剧、歌剧、舞剧、马戏、杂技)、电影(政治性、教育性、娱乐性)、体育(足球、溜冰、滑雪)、棋赛(有五分之一的人爱好下棋)等等。

总之,现时的苏联人民在体力和脑力劳动方面,在技术和文化方面,在工作和生活方面,在社会和家庭方面,在公家与私人方面,乃至在老年和青年方面,都已达到了一定的水平。

像这样的人民,这样的社会,在人类历史上是初次出现,是任何人以前所梦想不到的。然而他们原来的基础却是非常恶劣,是沙皇暴虐的政治和工业落后的经济。他们经过三十四年的奋斗,就能创设这样社会主义的伟大国家,而且在国际上成为全世界人民所仰望追随的和平堡垒,其根本的原因何在?据我个人的看法,第一是因为他们有了全国人民一致拥戴的伟大领袖导师列宁、斯大林和所领导的苏联共产党(布)。第二是因为他们有优厚的天然地理条件:地大、物博、人多。在正确的领导下,将人、物、地三者都改造组织成强大的经济建设力量,这力量的表现当然就是今日苏联的国强民富的幸福生活了。

我们中国人民应当感到万分欣幸,因为我们正在向着和苏联同一的目标迈进。我们原来的基础也和他们的差不多,是封建剥削的统治和一切经济都落后的国家。我们的人民经过多年奋斗也和他们相似,创立了伟大的新中国。在国内,人民翻身做主人,在国际,中华民族站立了起来！这里面的根本原因何在？据我的看法也和苏联一样,第一是因为我们中国人民有了自己热爱的伟大领袖导师毛泽东和他所领导的中国共产党。第二是因为我们中国有优厚的天然地理条件:地大、物博、人多。此外我们还比他们更多一个极重要的原因,就是我们有苏联的先进经验做指南针,我们更得到他们许多的帮助！

我们应该万分欣幸,世界上已有了苏联这样美满的新社会,作为我们随时学习、随时前进的好模范。我们应该感谢苏联的十月革命,它引导我们人民革命,引导我们建设独立、自由、和平、统一和富强的新中国！

原载 1951 年 11 月 7 日《光明日报》

苏联科学研究的几个特点

本年①5月12日午后,莫斯科苏联中央科学院为了欢迎我们出席世界科协第二届大会的代表团,举行了一次隆重的招待会。会上纳士米扬诺夫院长致了词。从纳士米扬诺夫院长的致词里以及从其他方面的资料,我们了解到苏联的科学研究,有几个特点。

(一)科学研究机构多——除了全苏联的中央科学院外,还有各加盟共和国的科学院、各大学的研究所、各企业部门和各工厂农场的研究所。这些科学研究机构,是散布到全苏联的每个角落(如库页岛就有科学院分院)。

(二)科学研究有对象、有计划、有系统、有组织——如工厂农场的研究所,以农场里的技术问题为主要对象,大学的

---

① 即1951年。

研究所以科学理论问题为主要对象,企业部门的研究所以资源及生产为主要对象,中央科学院的研究所以自然科学里的原则性的问题为主要对象。以上各单位的研究,各作系统计划,逐层上达中央科学院,由院的工作配合委员会将全苏联的科学研究工作,统一调配进行。因此全苏联的科学工作,便组成一个网,包罗万象,完全按计划进行。

(三)科学研究为经济建设的一部分——苏联的伟大经济建设,在历次五年计划中都表现出一个特点,即是超计划的完成。其原因虽多,而其主要之一,即是科学研究。因此,计划能切合实际,而技术问题,得到及时的解决。如中央科学院有一委员会,协助伟大共产主义建设事业之进行,如伏尔加河、顿河、第聂伯河及亚木达亚河等地之运河灌溉及水力发电工程(总发电量将达 422 万瓩①,总灌溉面积达 2800万海克达尔,约合 4 亿 2 千万亩),在开河前,须先研究地震问题,以免发生意外。又如地质调查,可协助研究改良土壤,以便适合垦荒。又如苏联南部之人造林,改变动物与植物间关系,又如电气化问题中的物理问题等等,都是中央科学院的研究所(共有两百多所)代为解决。

(四)科学研究集体进行——为了要理论联系实际,而实

---

① 瓩 = 千瓦。

际又是多方面而又复杂的,因此科学研究便不可能一个人孤立地工作,而必须是集体的努力。在苏联参加研究的人,并不限于研究所的工作者,比如工厂的工程师、技师、工人,凡是在现场有心得而可以帮助进行研究的,都可以参加工作。有时科学院的院士也亲往现场了解情况,交流经验。像这样具有高度科学理论和丰富实际经验的人,双方密切合作,共同研究问题,故苏联的科学得有飞跃进步,且其成就完全解决了实际的问题,促成伟大经济建设的成功。

苏联中央科学院的基层组织为院士,现有 150 人(均系二次大战前选出),另有通讯院士 200 人。由院士组成大会为全院最高的机构,决定研究计划及预算。大会选举院长、各研究所所长及新院士。科学院内共有八部门,每部门各有若干研究所,散布全国。八部门名称如下:(一)物理;(二)化学;(三)地质;(四)生物;(五)技术;(六)哲学;(七)文学;(八)经济。

科学院有定期和不定期的刊物。其定期的通报,每月刊布三次,登载各研究所之重要研究论文摘要(非重要者不录),每篇摘要至多只占四页,每本通报约 200 页。在 1950 年所登载之重要论文篇数五倍于 1940 年。

1950 年重要的论文中有下列性质的问题:天文、宇宙线、细胞起源、物质构造、力场理论、宇宙起源、遗传及变化、气象预报、地震研究、哲学新史等。

科学院的计划及经费是经过苏联部长会议批准的,为了培养高级研究人才,科学院现有 2500 名研究生,内有少数民族 53 人。

院长最后说:"我们科学院的设备很完全,对中国来研究的人很有益,但我们也有应向中国学习的东西,如中国语言学。苏联对中国人民在文化上成就,素来佩服。如我是化学家,就想到中国瓷器的发明,又如纸是中国发明的,是文化的源泉。中国不但人多,而且有好的成绩,如茶是我们人人欢迎,我们妇女更欢迎中国发明的丝。中国科学诚然年轻,但在人民大翻身后老年人也成了青年。我们不必计较老幼,可说我们两国人都年轻。我可代表全苏联的人民说:我们两国年轻人民,紧密团结,共同保卫世界和平!"

原载 1951 年 8 月《自然科学》第 1 卷第 3 期

庆贺苏联"东方号"宇宙飞船航行的胜利

　　今年①的 4 月 12 日苏联的"东方号"宇宙飞船,载着苏联宇宙航行员加加林少校从苏联地面起飞,上升到 175 公里至 302 公里的高空,在 108 分钟的时间内,围绕地球一周,然后又平安地、准确地飞回到预定的着陆地点,从此人类进入征服宇宙空间的划时代的新纪元。这个惊天动地的消息就在当天立即传到我国,我国各地的工厂、农村、部队、学校、机关里都爆发出一片欢呼,大家惊喜若狂,奔走相告,人人激动,全国都为之沸腾起来。我们和苏联人民一起,欢呼"东方号"宇宙航行的胜利,欢呼加加林少校宇宙航行的胜利!

　　苏联从 1957 年 10 月 4 日发射第一个人造地球卫星,震惊全世界的那一天起,到现在的三年半时间内,一共发射了

---

　　① 即 1961 年。

四个人造地球卫星,其中一个重达6483公斤;四个宇宙火箭,其中一个成为太阳系的人造卫星,一个达到月球,一个拍摄了月球背面的照片,再一个是从重型的地球卫星上自动发射而起飞的;六个卫星式的宇宙飞船,其中五个都带有生物,而最后一个"东方号"载有加加林宇宙航行员。这14次的发射成功,科学技术水平一次比一次更高,一次比一次对人类进步的意义更大,真是步步高升,节节胜利!

从科学技术讲,要把4725公斤重的"东方号"宇宙飞船发射上天,而且要它在一定轨道上围绕地球运行,这个发射飞船的宇宙火箭该要有多大的推动力和推动方向的准确性;当飞船和火箭通过地球外面大气层时,速度越来越大,因和大气层摩擦生热,温度越来越高,制造飞船和火箭的材料及结构该要有多大的强度和耐高温的性能;当地上发出命令,使飞船脱离火箭而自动飞行时,这里面的无线电控制系统该要有多么灵敏精细的仪器设备。飞船上天的困难已经够多了,但这还不算,要它下地更是难上加难,因为不但要它安全着陆,而且要它在预定的一个地点着陆,试想这时一个孤单的飞船,如何能极其准确地改变它的航线呢?它如何能适当地逐渐减低它的速度呢?当它下降通过地球大气层时,它如何能不因摩擦高温而被烧毁呢?最后在到达预定地点时,它又如何能安全着陆呢?所有这些还只是指飞船上天下地而言,飞船还只是死东西,当飞船在空中如此上下翻腾,又快又慢,它里面的乘客,不是别的动物而是人,人是习惯于人间生活的,这飞船里的天上生活,人如何受得住呢? 人在空中的"超重""失重"以及所遇的振动、噪音,宇宙间的各种射线等等,对于人的身体和将来的健康,该要有如何的医务保证呢? 如果飞船在空中遇到流星,或是它的各种装备系统发生故障,如何能对空中的人做好救生准备,以防万一呢? 所有这一系列的问题都是科学技术上的尖端问题,都是全世界人民非常关心的问题。而在苏联都全部解决了,苏联人民对征服宇宙做出了划时代的伟大贡献!

当苏联在 1957 年 10 月发射成功世界上第一个人造地球卫星的时候,苏联在主要科学技术部门,就已掌握了领先地位。现在,苏联发射成功第一艘载人宇宙飞船,又再次证明苏联已把美国远远地抛在后面。从这里看出一个国家的社会制度的重要性。在西方,比如美国,资本主义制度,必然无法合理地组织科学技术力量。但在社会主义制度的苏联,这一切就不同了。首先,全国科学技术的发展,是在一个统一的计划下进行的。从上述的 14 次的宇宙火箭发射来看,每次都有明确的目的性,一次比一次的要求更严格,而每次的成功更大大超过前次。其次,宇宙火箭的发射是个庞大的科学技术工作,牵涉到多方面的科学家、工程师和工人,每个人都有一定的责任,而这个责任主要是靠主人翁的自觉来完成,而非只凭检查验收来交待的,这只有在社会主义国家人民政治觉悟提高才有可能。再其次,先进的科学技术要求极为高度的工业水平和工业组织。在社会主义国家,全国工业的发展有计划有重点,以人民的福利和国家的责任为前提,因而成为发展科学技术的有力保证,所有这些都不是资本主义国家所能办得到的。因此,苏联的宇宙航行的辉煌胜利,再一次地证明了社会主义制度的无比优越性。说明了社会主义、共产主义的伟大,马克思、列宁主义对人类进步的不朽功绩。苏联宇宙飞船"东方号"和加加林少校为全人类开阔出无比光明的幸福前景。让我们为苏联保卫世界和平,促进人类繁荣所做的伟大贡献而欢呼!

原载 1961 年 4 月 22 日《中国新闻》

在美国匹兹堡华人协会
欢迎会上的讲话节选①

今天晚上,匹兹堡华人协会的会员,有浙大的、交大的、还有其他学校的(有人插话:"还有中大的"……),联合举行了这样一个盛大的招待会。这个会很特殊,我们吃的菜听说是每一位带来的,而且是每一位的拿手好戏(活跃、鼓掌),所以我非常高兴(活跃,笑)。而且,我看到各位彼此交谈,非常的热情,可以知道在匹兹堡的我们这么多中国同胞的团结一定是非常紧密的,非常好的,我看了也是很高兴。所以我首先代表我们的代表团向各位表示衷心的感谢(热情鼓掌)!

我们这个代表团到美国来的任务,首先,就是为了增进中国人民和美国人民的传统的友谊。第二,在美国的中国同胞,很多回去探亲。在探亲的时候,为我们各学会做报告、讲

---

① 本文由茅于燕整理。

学,也有的在学校教书的。我们非常感谢,所以我们团的第二个任务就是代表中国科学技术界,向所有到中国做过学术交流工作的人表示慰劳。第三,我们知道,在美国科学技术界中的中国同胞在科学技术上贡献很多,表示祝贺。第四个任务就是我们中国科学技术界向美国科学技术界中的中国同胞表示欢迎,欢迎你们回到祖国去参观访问,学术交流。第五个任务是访问美国的科学技术馆。

今天在这个会上,我有很多的感想。因为我想在座的不少位,我们以前见过面,但是隔了很久没有见面了。有的三十年没见了,有的四十年没见了。我就回想到在1950年开始的时期,在中美交往的历史上,这一段可以说是一个黑暗时期。很多朋友,到美国来的时候是来留学的,是预备学了几年就回国的,没有想到要回国的时候遇到了种种困难,以至于走不掉。也有回去的,那是经过很多困难的,也可以说是经过斗争的。比如像钱学森先生就是一位,还有很多位经过斗争才回去的。我们知道他们在美国的斗争,我们在国内应当想法帮助他们斗争。因此在1956年周恩来总理就发起在北京组织了一个"留美学生家属联谊会",就是在美国的留学生在北京的家属联合起来。我呢,因为我的女儿在美国,我就变成留美学生的家属了(活跃,笑声)。于是,就做了联谊会的会长(拍手,热烈,笑)。在1957年周总理关照我们联谊会开一个盛大的联欢晚会,把在北京的留过学的、在美国留过学的人的家属,统统都请来,开了一个大会。周总理就号召,在美国的中国同胞,回国来帮助祖国。他讲了八个字,大家也许都听过,叫做"来去自由,不分先后"。欢迎在美国的同学,回到祖国去,也可以再回到美国来,不问早,也不问晚,不分先后。在这次大会以后,联谊会做了一点工作,有四五十位在美国留学的中国同胞回到了祖国,但是人数还是不多。在 1960 年,苏联卡我们,把苏联专家统统撤回去了,使得我们的科学技术方面受到了很大的损失。1962 年,我向周总理建议:苏联专家走了,我们中国专家在美国的人很多,我们可以请他们回来嘛!可以比苏联专家做得还好嘛!周总理非常同意,叫我们几个人提个计划。当然,这个事不简单,在座的各位也许还不知道有这样一件事。可是,我们的计划做了不少时间。很不巧,碰到了"文化大革命",计划就停顿了,所以在美的中国同胞,很多位不能回国,就在美国定居了。1972 年,尼克松总统访问中国后,中美两国开始了一个新的时期,从此,回国访问探亲的愈来愈多了。我们中国科学技术界对回国探亲的,都请他们做报告,或在学校里讲课,或在工程技术上请教,都得到很大的帮助。所以我们这次来,有一个任务就是向这些朋友慰劳。

我在美国留学是 1916 到 1919 年,这次是六十年后第一次来。六十年前的美国是什么情景呢？恐怕在座的各位知道得也不多（活跃，笑声）。那时候没有广播，没有电视，没有有声电影，也没飞机旅行；电梯是有的，但是没有自动的。这六十年以后，我来一看，变化真大。很多地方我都不认识了，房子特别高。那时我记得到纽约去，登上一幢最高的高楼，49层，现在听起来简直是个笑话（活跃，笑声）。总而言之，六十年前，美国不要讲生活方面，就是科学技术方面，美国的水平还不能说是最高的。但是，六十年后的今天，我们来看美国的科学技术，就大大不同了，首先最惊异的是把人送上了月球。这个念头我们中国最早。大家都知道嫦娥奔月吧！（活跃，笑声）我们很早就有这个念头，但美国实现了。在许多的美国科学技术当中，我们中国同胞，贡献不小。据我们所知道的，比如自然科学方面的，得过诺贝尔奖金的，得过 Worth① 奖金的，不少都是我们中国同胞。在技术方面，那就更多了。我听说计算机里面最重要的发明是中国人做的。他们不但为美国增光，也为祖国增光。所以说我们中国人对地球改变面貌是有贡献的，是当之无愧的，值得我们衷心地祝贺。我们的祖国这六十年的变化也非常大，可分为两个阶段：头三十年，政治纷乱，人穷财尽，是黑暗时期。后三十年，

———————————

① 沃斯。

从 1949 年解放起，我们祖国在中国共产党领导下，政治安定，工农业发展，凡回国探亲的，都会有亲身体会，这个时期是光荣的时期。过去六十年当中，我们中国也像这六十年地球的面貌一样，有很大变化。可以说这六十年在人类历史上是非常重要的。

大家很关心，我们要在本世纪末实现四个现代化。哪四个呢？是工业、农业、国防和科学技术。我们中国进行的现代化叫中国式的现代化，是中国人民所需要的现代化。我们政府对实现四个现代化有两个方针，头一个叫"自力更生"，要靠自己的力量搞现代化。我们能不能够搞成功呢？有没有这个力量呢？我们讲科学技术现代化是关键，那么好，我们看一看我们中国过去历史上的科学技术是什么情况。可以说在 15 世纪以前，我们中国的科学技术在世界上是领先的，水平最高的。我们最近出版一本书叫做《中国古代科学技术》。希望各位有工夫把这本书看一看。从这本书里就看到中国的科学技术的确是了不起的。不论哪一门，都很了不起。比如桥梁吧！中国的赵州桥，有一千三百年历史。这一千三百年当中，每天都有人在桥上走过，没有停过，这在世界上是没有的，而且今天去看，还很像一座新桥。其他科学技术方面相同的事还很多。不但我们中国人自己这么说，外国人也这么说。有一位叫李约翰的，他写过一部书，这么大的七本，叫

《中国科学技术史》。这里面讲在 15 世纪以前,中国的科学技术在世界上是第一的、领先的,所以我们搞现代化不是随便瞎说的,我们有基础、有传统。我们可以搞科学技术现代化。就讲近代吧,我们搞了原子弹,我们也发射了人造卫星嘛!我们的卫星现在还在那儿走,有的国家的人造卫星已经掉下来了嘛(鼓掌,笑声)!所以中国的科学技术是可以现代化的。我们有这样的信心,也有这样的能力。这是我们搞现代化的第一个方针。第二个方针叫引进,引进先进的科学技术,就是从外国输入先进的科学技术,这也包括人才,特别是我们中国同胞在国外的科学技术上有成就的,我们欢迎。这也是我们代表团这次来的一个重要的任务,就是向在美国的科学技术界的中国同胞,表示欢迎!各位对引进有什么问题,可以写信给我们中国科协,我们可以给答复。如果各位有什么建议,也可以写信给中国科协。有建议也好,有问题也好,我们的科协一定很快地答复。我们的科协准备做一个桥梁,一头是中国的科学技术界,一头是美国科学技术界的中国同胞。我们愿意搭这样一个桥梁,让各位在桥上走过。各位都是非常热爱祖国的,希望给我们科协来信,欢迎各位有机会回祖国来参观访问,更欢迎各位能回国,或讲学,或工作,或短期,或长期,我们都欢迎。最后,我祝各位身体健康!

　　谢谢各位!(长时间热烈鼓掌)

1979 年 6 月 30 日

本世纪初美国的管理科学化运动

在学习十二届三中全会关于经济体制改革的决定时,感到像这样震古烁今的全国大改革需要借鉴古往今来的一切经验。虽然,有的是过去的,有的是地区性的,有的是见功一时的;但作为引进技术而言,这些都是值得研究的。其中,本世纪初,美国兴起的那个管理科学化运动,就是一例。

这个运动的目的是在工厂中实行管理科学化,创始人为美国的泰勒。他从研究砌墙所需的劳动开始,用电影机将砌砖的动作拍录下来,然后,再用慢速度放出,由此,便可看出在施工过程中,有许多动作是浪费的。本来,一个工人一小时平均只能砌 120 块砖,但如将不需要的动作除去,每个工人一小时则可砌砖 350 块。后来,他又发现,如果在其他行业中工作的每个人,都将浪费的动作取消,就可在同一动作的前提下,实现机械化,使整个生产过程的投资,大为减少。

经过继续的研究与实践,管理科学化的理论日臻完善,并就广泛采用于各种生产成品的企业中,因而在美国当时的社会上,掀起了一股"流水线"和"大生产"的浪潮。最成功的,达到了垄断地位的有汽车、石油和钢铁工业等。在国际上,这种理论也被逐渐推广开来,成为一种全新的、极为现实的学科。比如在苏联第二个五年计划期间,就采用了科学方法;日本在第二次世界大战后,为了恢复工业生产,也在工业建制的统一规划中,实行了管理科学化。到了近代,由于社会的进步和各国工业的飞速发展,管理科学就更以其实在的功效显示出顽强的生命力。据不完全统计,在科技发达的今天,美国仍有百分之八十以上的公司和工厂应用着泰勒的科学管理方法。由此下去,管理科学化对工业生产,起着不可低估的作用。

我是 1917 年在美国读书时,开始接触到管理科学的,虽然,它的出现至今已有七八十年历史了,但自它问世以来,为人类做出的贡献,特别是本世纪初,在美国工业中起的作用,却是有目共睹和毋庸置疑的。简言之,科学管理的基本原理适用于人类的一切活动,无论是最简单的个人行动,还是繁复合作的巨型企业工作。所以,在我国当前进行的大改革中,科学管理所处的地位至关重要;只要我们运用合理,推广及时,就能在各项工作中更好地促进四化大业早成。

基础与"桥梁"[①]

中华人民共和国的诞生,于今不过两周年,而全中国完全变了样,也变了质。一切对人民有害的事情,基本上都扫除了,一切对人民有利的事情,迅速地陆续出现了。因而新中国的建立和新社会的成长,不但是中国历史上最进步最彻底的大革命;同时也是全世界革命历史上最轰动最特殊的大成功。地球上四分之一的人口,是如何巨大的一个数目,这样多的人口,几千年来一直在封建主义和近百年来在帝国主义的压迫下,是如何可怕的一个事实。然而就是这样被压迫,这样众多的人口,在短短的两年中,已经凝结成一体,已经发挥出坚强的力量,不但创始了中国的新生命,而且扩展了全世界的新道路。这样惊天动地的伟大工作,动员将近五

---

① 本文为庆祝建国两周年而作。

亿人参加的工作,由中国共产党在毛主席的领导下,经过三十年的奋斗,终于辉煌地胜利完成了!

新中国的建立,是在旧社会的改造的基础上来进行的,这是中国有史以来从未有过的彻底大革命。过去的革命,几千年来,有过不少次,然而尽管改朝换代,革命所改换的范围,始终只不过是少数人占有的上层建筑,至于上层建筑的广大人民的基础,则从未变更。好比是在泥土上造屋,住不上几年,大家说是房子不好,重造一所,式样虽新,泥土依旧,再过几年,或是几月,这房子又倒坍了,越是高的房子,倒坍时越是厉害,房子里住的人也越是遭殃。新中国的建立,便大不相同了。先将泥土清除,再用坚石做基础,然后造起四平八稳的坚固平房,这房子还能不好吗,还能不经久吗?纵然一时来不及造完,先来一所简单房子,在里面住的人,也是心里踏实的,这才是彻底的革命。

这所古老房子的地脚,本来只是泥土,而且是松软的泥土,又黑又脏,又湿又臭。然而住在房子里面的人,在楼上的,只知饮食征逐,不管楼下人的死活,而楼下的人,有的只想往楼上爬,有的只认为房架子不好,只想将它拆去重造。仅仅有极少数睡在泥土上的人,深切了解这泥土的滋味,得到朋友指示,想到拿石头来替代。于是一个一个地站立起来,唤醒大众,一齐动手,先拆屋,后挖土,然后取来坚石做基,造起新屋。住在楼上面的人,有的在拆屋时被压死了,有的临时逃跑了,然而大多数的人,都来加入做工,共同劳动。虽然其中有少数气力弱些,做得不够劲,还有更少数的,手头造新房,心里想旧屋,还不知道原来的地脚不好。等到大家看到新屋的基础,全是又平又直的大石做成,既光滑又坚硬,就是没有房子,睡在上面也舒服,于是大家心里全明白了,再没有一个有糊涂思想了,知道在这样好的石基上造房子,住在那房子里,更是一辈子做梦也想不到的舒服。今天石基上房子部分完工,当然大家欢欣鼓舞来庆贺,当然五亿人民都兴奋若狂!当然更为未来的光辉灿烂前途欢呼庆贺!

今天在石基上完成的房子是什么?是新中国诞生后两年来的辉煌成就!这石基是什么?是科学的世界观、革命的人生观、无产阶级立场、为人民服务观点、理论与实际一致等等真理,总括言之,是马列主义,是毛泽东思想!

这石基的石块,是从哪里来的,是从别处运来,是经过大师雕凿成形的。原来地面上除了这所古老房子外,还有不少其他大的、小的、好的、坏的房子,其中最好的一所大房子,是很早就用石块做基础的,他们新房子已完工,里面有不少好东西。然而就因这所房子太好太近,而且是一座大平房,遭了古老房子楼上人的忌,生怕连根被拔,特地挖了一条鸿沟,将这两个房子分开,使得交通不便,消息不灵,好让他们在楼上继续享乐。幸亏这所古老房子里睡在泥土上的人,有的醒悟得早,看见对面房子里人招手,依他指示,在这鸿沟上造了一座桥,从那所大房子里,运来好多石块,才能将这所新房子造起。有了那座桥梁,这两所好房子,便可永远地往还,永远地友好了。然而古老房子的地面太低,从那所好房子造过来的桥梁太高,一时下不了地,还需要造座"引桥",好让那许多搬石块的人,平平安安地从高处走下来。这座引桥,随着地面高低配合,将来新房子地基高起来,便不需要了。

在这所古老房子闭关自守时,地面上其他房子,本来也都是隔了河。房子里的人,也有羡慕对面五光十色的高楼房,曾经在河上造过桥,不料那些房子也是建筑在泥土上的,已经显得东倒西歪,所造的桥,又不是什么好材料,因此两头搭不上,自己走不过去,倒反给人家走进来捣乱。因而现在造石基上的新房子时,还需要将那些坏桥拆去换成坚固的桥,好将石块送去,帮助那些要倒的房子换基础。等到整个地面上的房子,都有好桥过河连接,房子里的人,彼此通行无阻,运石块的人,在桥上往来如飞,这一切房子的泥土地脚,便都可改成坚石基础,一切楼房改成平房,然后所有地面上的人,都幸福无量,皆大欢喜了。

所有这些房子里的人,如何将会这样甘心地去改造他们的基础呢,是受了这所古老房子大变革的影响。这所古老房子,是受那第一所石基房子的启示。那第一所房子,是全地面上的标准,是石基的来源。然而有了来源,还须靠运石的桥梁。这桥梁的工程,真是极其的重要了。

石块是重的,承当得起运石的桥梁,必须是钢铁做成的。钢铁做成的桥,千古不朽。

那所最好最大的石基房子,是共产主义!那座钢铁桥梁,是社会主义!那座过渡的引桥,是新民主主义!我们造桥建屋的总工程师,是毛主席和他领导的中国共产党!

原载 1951 年 11 月 7 日《光明日报》

打球与造桥

我是个科学技术工作者,年轻时埋头读书,不好运动。有一次上体育课,教师问我参加哪个项目? 我说乒乓球。教师就开玩笑地说:"那是女孩子们的小玩意。"这句话我一直记在心上。万万想不到,到了今天,我国就在这"小玩意"上,也取得了辉煌胜利,轰动了全世界! 就在我初次听荣高棠同志关于这次世界乒乓球锦标赛情况的报告那一天,报告还未开始,会场里都在兴高采烈地谈论前一天我国第二颗原子弹在上空爆炸成功的伟大胜利。当时我把原子弹和乒乓球连在一起,立刻就感到这都是毛泽东思想的伟大胜利! 的确,解放后十五年来,我国社会主义革命和社会主义建设,不论大小,不干则已,干起来就一定胜利。

我是搞桥梁工程的,这里面有很多力学问题,解算起来,非常费劲。当我读徐寅生同志的那篇文章时,我发现,在他提到的关于打球的二三十个专门术语中,几乎没有一个不是力学里的问题。运动员同志们是怎样解决的呢？我体会到,他们所以能这样为祖国争光,在世界球坛上取得卓越成就,就是由于遵循毛主席教导,以革命思想领先,真正做到政治统率业务,思想带动技术。他们打球和我们造桥不同,对于力学问题的解决,他们是立刻得到反映的,而我们是要等到桥造成后,才能全部验证的。同时,他们了解力学,首先是从实践经验中体会得来的,而我们却首先是从书本中学来的。他们打球,一开始就从实际出发,而我们造桥却是先理论而后才实践的。我相信,如果他们也和我们一样,先读上几年力学的书,然后才来打球,恐怕他们的过硬本领,是不会进步得这样快的。我们搞科学技术,要发扬"三敢"(敢想、敢说、敢干)精神,坚持"三严"(严肃、严格、严密)作风;而他们打球,更有"三敢"(敢打敢拼、敢于胜利)和"三从"(从难、从严、从实战出发)的英雄气概。所有这一切都值得我们认真学习,争取把我国的科学技术提高得更快,全面地赶上或超过世界先进水平!

乒乓球运动员同志们,让我们向你们祝贺,向你们致敬,向你们学习!

原载 1965 年 6 月 11 日《体育报》

社会主义制度和桥梁技术

　　三国时，曹操的儿子曹丕，带领人马，东征孙吴。到了长江，见波涛汹涌，不敢横渡，叹口气说："固天所以限南北也。"（《三国志》）没奈何废然而返。后来南北朝时，有个孔范就说："长江天堑，古以为限。"（《陈书》）长江就这样把我国南北"限"了几千年。但这并不是"天"限，而是人限的。果然，一到伟大的毛泽东时代，很快就"一桥飞架南北，天堑变通途"。武汉长江大桥的建成，打破了长江天堑的迷信；现在长江上的第二座大桥——重庆大桥，又已建成，第三座的南京大桥，接着又要开工。再也没有什么大江大河上的桥梁，中国人民不能用自己的力量来造成的了！

我国桥梁建筑的优良传统

　　桥梁是一国文化的一个特征。人类一有交通,就需要桥梁。越是靠河的地方,人口越集中,就越早发展成为城市,桥梁也就越多。任何开发较早的国家,桥梁都不会少。我国文化悠久,河流众多,当然桥梁也就特别多。苏州一个县,在清代初年,就有 397 座桥梁(见《江南府县志》)。据说仅石桥一项,几年来,全国造了三百多万座。然而,我国桥梁的特点,不在数量而在质量。首先表现在规模的宏伟上。秦始皇时所造的西安中渭桥,就已经是"宽六丈,长二百八十步,分六十八孔"(见《关中记》)。其后公元 1257 年左右修建的泉州盘光桥,"长四百余丈,宽一点六丈"(见《泉州府志》),更是惊人,其次表现在种类的繁多上,有各种材料造成的各式各样的桥。上述的中渭桥和盘光桥都是梁式桥;约公元 270 年时在孟津县黄河上即有浮桥;约公元 282 年时在洛阳就有石砌拱桥;约公元 410 年时在甘肃导河县就有伸臂桥;此外,在四川都江堰有竹索悬桥,贵州盘江有铁索悬桥,广东潮州湘子桥是开合活动桥。近代桥梁的主要形式,在我国古桥中,几乎包括无遗了。再其次,表现在建造的坚固上,到处可看到几百年前造的石桥,甚至有将近千年历史的泉州洛阳桥和一千三百多年历史的河北赵州桥，它们直到今天还在继续为人民服务。最后，也是最重要的，表现在桥梁结构的科学化上。赵州桥是个 37 米跨度的石拱桥，在大拱之上路面之下的桥身里，开了四个洞的小拱，不但可以过水，而且减轻了桥身重量。这在近代桥梁上，名为"敞肩拱"，是个经济、适用而又美观的形式，使用甚广。但在欧洲初次建造这种拱桥的时间，却比我国晚了九百多年。洛阳桥，长 3600 尺，修桥墩时，为了克服波涛冲击，首创了近代所谓"筏形基础"。此外，类似的创造性的结构，还有很多。最明显的证明就是在许多古桥上行驶近代载重汽车，按一般设计公式核算，它们是承担不起的。事实不然，它们不但不倒塌，而且坚固如初。原来这是在结构上，充分利用了"被动压力"的缘故。在今天看来这还是个新理论，而在我国石桥上，老早就被普遍应用了。以前的桥工巨匠虽然不了解这些科学理论，但是他们都能从总结实践经验的过程中创造出各种结构形式。特别是在修理桥梁时，他们从损坏的状况，理会出结构中的强点和弱点所在，从而整理出一套经验法则，用以逐步改进设计。这是我国造桥技术的优良传统，成为传留后世的宝贵遗产。从桥梁建筑中，也看到我国劳动人民的智慧和伟大。

社会主义制度保证了桥梁技术的飞跃发展

近百年来，我国造桥技术的优良传统，由于封建制度的压迫和帝国主义的侵略，没有得到应有的发展；到了解放前夕，我国造桥技术，在世界上已经显得非常落后了。就拿那时由我国工程师自己设计的钱塘江大桥来说，不但钢梁是外国来的，而且主要的桥墩和架桥工程由于我们缺乏特殊机器，都是由外国人包工的；技术上虽然解决了流沙和深基础等问题，但所用测验方法也是沿用外国人的。其他几座旧的大桥，情况类似，甚或更为落后。

但是，解放后，我国桥梁技术就开始出现完全崭新的面貌。经过逐年发展，不但在自力更生的基础上，壮大了桥梁队伍，充实了物质力量，而且在科学技术上，取得了巨大成就。最明显的例证就是武汉长江大桥。它的钢料是我国生产的，钢梁是我国制造的，一切工程是我国自办的，而且技术上有许多创造，达到世界先进水平，特别是管柱结构基础，利用振动打桩机，下沉管柱，更为深水下的建筑工程开辟了一个新纪元。我曾在一些资本主义国家的首都，做过关于这座桥的技术报告，这些国家的工程界颇为震动，都认为我国对桥梁技术做出了重大贡献。

茅以升全集 ⑦

解放后十年来，我国所造铁路、公路和城市桥梁的数量很可观，仅铁路大桥一项，总延长即达20万米，中小桥还不算在内。这些桥梁分布在全国各地，情况复杂，在时间紧迫，任务繁重的情况下，仍都能如期或提前完成。这是由于在党的坚强领导下贯彻群众路线正确地解决了桥梁技术中的关键问题。

现在简单介绍一下桥梁技术中的一些关键问题及其解决方法。

如何发挥作用　"桥梁作用"已经成为通用名词。可见这种作用是难能可贵的。在铁道公路上修桥，就要充分体现出这种意义。就像道路为车辆服务，要能发挥车辆的最大功能一样，桥梁为道路服务也要发挥道路的最大作用，否则就不成为桥梁而是渡船了。提到渡船，历来人们都不免要怀有戒心，因此长江才成为天堑。唐代诗人孟浩然《望京口》诗"江风白浪起，愁杀渡头人"正是这种心情的写照。有了桥梁过江，情景就大不相同了。第一是安全，第二是车辆速度可不降低，第三是上下桥时车不停留，不像过渡。由于桥梁是架空的道路，是道路的一部分。车在桥上走就要和在路上一样，不应有路、桥之别。桥梁的宽度、坡度、弯度和荷载能力等等都要和它连接的道路有同一技术标准，甚至要有更高的标准。因为运输发展，加强道路比较容易，而改造桥梁就困难得多了。

　　除了桥梁的这些积极作用而外，还要考虑它的另一方面。对过河的桥梁来说，河上要走船。船有一定高度，而水面有涨落。水涨船高，桥梁离水面就要有足够的净空高度，才不致阻碍水上交通。对跨越山谷的旱桥来说，它必须连接山中盘旋的道路，而这种道路往往高到使桥梁在山谷里难以生根。然而，桥总不能因此而妨碍路。可见不论是过河或越谷的桥，都有个高度问题；至于桥下水上的净空问题更要妥善解决，因为在这里陆运和航运是有矛盾的。水上的桥和陆上的路相连接，需要一个过渡。这个过渡，在低桥是土方筑成的路，而在高桥就不得不在两岸上修桥，名为引桥。如果水上的船高桥高，这个引桥就可能比水上的正桥还长，因而会大大增加建桥费。有的地方就因此而建筑隧道来代替桥梁。这个净空问题在资本主义国家，往往因车船两方的争执，悬而不决，以致造桥无期。但在我国，由有关各方的大力协同合作，就能得到合理解决。

　　再以武汉长江大桥来说，解放前我们也做过设计。那时反动政府的海军方面，借口国防，坚持要求水上净空至少33米，比起现在建成的桥的18米净空来，不但要把所有的桥墩都提高15米，而且要把两岸引桥都大大延长，这该形成多大浪费！幸而那个设计未曾实现！现在武汉大桥的18米净空，经过多年的事实证明，水陆两方，畅通无阻，可见这个数字的合理。又如即将兴建的南京长江大桥，水面至江底岩层深度大大超过武汉大桥；江的两岸又无山头可利用，纵然采用 18 米净空，桥墩高度和引桥长度，都十分惊人，因而工程非常艰巨。何况这里的船，要比武汉的高，18 米净空还不够用。像这样车船间的矛盾，在别的国家很难解决。但在我们国家，由于全国一盘棋，交通水运部门，尽量从降低船身高度设法，铁路陆运部门尽量从提高净空设法，地方市政部门尽量从配合桥址设法，大家都把修桥当做自己的事，定能早日建成这一世界东方最大的桥。这正是我们社会主义制度的无比优越性。

如何组织构成 桥梁既是架空的道路，它的建筑就包括道路与架空两个部分。由于这个道路的下面是临空的，只有两头有支持，因而形成一种上部结构，横卧在下部结构之上，造成架空之势。上部结构所承受的各种荷载，通过下部结构，都要传达到地基。这上、下部结构，在空中、水中组成一座又长又高又扁而又空心的建筑，不但上面受着车辆的动力，下面受着水流的冲击，两旁受着风暴的侵袭，而且还要经受雨雪、冰冻、酷热的影响，有时还会遇到地震。因此，桥梁建筑的担负比任何其他建筑都要格外沉重、格外复杂。这就需要用高强度的材料，并且把这材料组成最合理的结构。所谓高强度的材料，就是要本身重量轻而且抵抗力大、寿命长。所谓最合理的结构，就是要能发挥材料的最大强度而不暴露其弱点。桥梁设计就是使这种材料，通过这种结构来起应有的桥梁作用的一种技术。

桥梁在起作用时，所有桥上的各种荷载就迫使结构变更形状，谓之变形，也就是迫使组成结构的各单元构件，都同时变形。结构的总变形就是各构件单独变形的综合结果。各构件单独变形的大小，决定于构件在结构中的位置和制成构件的材料。结构变形终止时，桥梁就到达在荷载下的平衡状态。变形愈小，桥梁愈稳定，这是桥梁设计的争取目标。因此，材料组成结构，要能统一内容与形式，有机结合，相辅相成。桥梁之所以有多种形式，就是出于这种相辅相成的要求。比如，像一条板凳的梁式桥，上部结构是座"梁"，变形时显出弯曲形状，因而梁的材料就要能抗弯。这种材料最好是钢，其次是钢筋混凝土，再其次是木材。又如向上隆起的拱桥，主要结构是蜷伏的"拱"，承重时的变形是压缩，拱的材料就要抗压而不必抗拉，因而就可用石头甚至砖块。又如悬桥的吊索，变形全是拉长，其材料就要能抗拉而不需抗压，因而钢丝绳最好，甚至竹缆也可胜任。可见桥梁的形式应当决定于可能采用的材料，然后选择或创造一种结构形式，来充分发挥这种材料的最大强度。

在资本主义国家,修桥常靠公债筹款。待桥成收过桥费以偿还债务,把桥梁当做商品。对于桥梁的设计和施工,则以能博取最大利润为原则;他们往往以金钱为标准,采用最便宜的材料,最便宜的结构,而不问其科学上是否最合理,更谈不到是否有利于国计民生了,因而常有离奇的桥梁出现。至于对殖民地的剥削,当地有料有工而不用,强迫推销自己的货色,那就更不必问了。我国解放前的铁路桥梁,大半就是这样造成的。解放后的我国桥梁就根本改观了,最显著的变化是就地取材。如在产石地区,就尽量采用石料,而且修建大跨度的石拱桥,像湖南公路黄虎港石拱桥,跨度 60 米。其次是全用本国材料,并且从国家的全局考虑,凡能用钢筋混凝土修筑的桥梁,决不用钢,如詹东铁路①丹河桥钢筋混凝土大拱,跨度已达 88 米。再其次是创造多种结构形式,以求充分利用材料或改进工艺过程,如武汉长江大桥的米字形钢桁架,金沙江公路桥的斜缆索桥塔,赣江铁路桥的 5.8 米的大型管柱基础,京广铁路信阳附近的钢和钢筋混凝土结合梁等等。可见桥梁的如何组织构成是和它所在国家的社会制度有关的。

---

① 太焦线的前身,起于京广铁路詹店站(今武陟站),到达南同蒲铁路东观站。

如何挖掘潜力　任何桥梁材料和它组成的结构,都有显而易见的优点和缺点。设计的任务就要发扬优点,克服缺点,也就是要挖掘材料和结构的潜力,特别是要加强薄弱环节。比如混凝土,抗压强度大大超过抗拉强度,用做梁的材料,则抗拉不足而抗压有余。但如放进钢丝,用张拉钢丝法,使混凝土预先全部受压,然后再使它局部受拉。这样一来,后来的拉长不过是抵消了预有的部分压缩。其结果这混凝土仍然是在受压状态,但它却已经起了抗拉作用。这就是预应力混凝土。又如,空心管子的柱子,比同一数量材料的实心柱子,要强得多。一块隆起的瓦,比平面的瓦要能多受压,都是从变更形状来挖材料潜力的例子。又如,同一材料,同一数量,拿胜任荷载的能力或桥孔大小来说,实心板梁不如透空桁架,平直板梁不如拱形板梁;而不论板梁或桁架,互不连接的多孔桥就不如多孔连接的连续桥。如果又是桁架,又是拱形,又是连续,那就更经济了。这都是发挥结构潜力的例子。

此外,同一材料,同一结构形式,还可从设计理论上来挖潜力。比如,根据塑性理论来做极限设计,就比根据弹性理论来做设计更为经济。所有这些都是有意识地发挥潜力的方法。一座桥梁还有它更重要的潜力,那是靠它自己自动发挥出来的。桥梁的上、下部结构是一个统一体,在承受荷载时，"牵一发动全身"，根据自然法则，自会自动调节，使整个建筑达到稳定平衡状态的。通过这种自动调节，以强济弱，所有设计时考虑不到的外力以及桥梁临时变形所产生的内力，就都可由桥梁的潜力来担负了。桥梁的这种强度储备，是它能够安全完成任务的重要保证。所有以上的这些挖掘潜力的例子，在我国桥梁中，随处可见，这都是由于充分发挥了群众积极性，也就是发挥了人的潜力的结果。其中较突出的如武汉长江大桥以管柱为基础的连续钢桁架；集张铁路坝王河桥采用的42米跨度装配式预应力钢筋混凝土刚性梁柔性拱；宝兰铁路甘草店附近黄土沟桥采用钢筋混凝土的管子建成35米高的桥塔，来代替桥墩，等等。在理论方面，有的钢筋混凝土的梁式桥已采用了先进的极限设计。

如何统一矛盾　建筑一座桥梁，面临着自然界的许多因素，有的比较固定，如地形、地质，有的经常变化，如水流、风雪。在选择桥梁地址时，首先要充分利用地形，如武汉长江大桥，由于净空大，就建筑在武昌蛇山和汉阳龟山之间以减少引桥长度，克服车船过桥的矛盾。其次要考虑水文和地质。一条河在河面宽的地方，水浅流缓，河面狭窄的地方，水深流急，是造长桥矮墩好呢，还是短桥高墩好呢？假如河面宽的地方，河底地质好，河面窄的地方，河底地质复杂，是要基础好做的长桥呢，还是基础难做的短桥呢？这些矛盾，在我国各方大协作的前提下,出现了新的解决途径。比如关于河流宽度,水利部门可建筑"导流堤"来调节水流,压缩桥长;关于基础深度,地质部门可大力协助勘探,充分搜集资料,来协同定出正确的桥位线。桥位选定了,知道桥的总长,但该分几个桥孔呢?桥孔跨度长了,桥墩当然减少,但上部结构就费了;跨度短了,上部结构省,但桥墩又多了。这里的主要矛盾是桥梁一孔的跨度和桥墩基础的深度。因为桥孔多或桥墩多,还只是工程数量问题,但如桥孔的跨度大,或桥墩的基础深,则是工程的技术水平问题了。这在我国比较重要的桥梁,都是由设计施工部门约同有关的科学研究机构和高等学校举行会议,经过充分研究而解决的,因而总是比较适当的。

在建筑桥墩时,首先要克服基础工程中的种种矛盾,如水力冲击,泥沙阻碍,深水压力,等等。桥墩筑就后,要在水上空中架设桥身的上部结构,其中也是困难重重,处处矛盾。所有这些问题必须善于综合考虑桥址的各种自然因素,结合桥梁的特点合理解决;而在施工时,更应充分利用自然界的力量,如潮水涨落,重力平衡等等,来帮助克服自然界的矛盾。在所有以上矛盾的解决中,我国的造桥负责单位都不是孤军作战,而是始终都得到有关各方的支持协助的。时常为了一座桥而动员全国有关单位共同作战,发扬大协作精神。

比如武汉长江大桥所需材料机具,在全国几十个工厂都属于优先订货。在与洪水作战时,武汉市地方更给了极大支援。像这样克服困难,靠集体力量来解决矛盾,只有在社会主义制度下才能做得到。

如何提高速度 高质量不但要配合大的数量,而且和高的速度也是分不开的。桥梁在修建过程中,时常四面楚歌,处处受敌,就是在制造材料构件时,也是要趁热打铁,迟则生变,因而争取高速度成为保证质量的重要手段。同时,高速度也促进了新材料、新结构、新理论、新风格、新设计、新施工等在桥梁技术中的不断发展。举例来说,关于新材料,我们用快硬高强混凝土来减少混凝土的凝结时间,制成了陶粒混凝土来减轻自重;关于新结构,除了上述预应力混凝土做成的构件外,现在推广装配式混凝土结构,将所有混凝土构件都在工厂中制造,然后运往现场装配,来代替就地浇筑,既可赶工,更能保证质量。关于新理论,这是随着新材料、新结构的发展而发展的,如预应力混凝土和管柱基础就是这样。同时,快速设计和施工也为理论提出新问题。关于新风格,由于桥梁和建筑一样,也要美观,但不能因此而浪费材料或工时,我们就要求结构本身,除了胜任荷载,经济耐久而外,还要能体现出艺术上的造型风格。关于新设计,主要表现在标准化,我们把各种材料,各种形式的桥梁结构,都按照不同荷载的要求,预先制成"定型设计",以便适用于情况相同的桥梁,随时需要,随时供给,来克服设计赶不上施工的矛盾。这是推广装配式结构的一个主要条件。关于新施工,主要表现在机械化。桥梁建筑有很多严格要求必须满足,如极沉重的构件要在空中起吊,很复杂的工作要在水下完成,很准确的测量要在风浪中操作,等等,都需要机械的助力,有的要能力强,有的要精度高。我们在修桥时,一般都附设工厂,制造机械工具,不但能造大型的,如武汉长江大桥工厂制造出400吨震动打桩机,而且生产各种简易"土"机械,如起吊扒杆,缆索起重机等,来减轻劳动强度。经过以上各种提高速度的新措施,我们在桥梁技术上就能因地制宜,打破陈规,土洋并举,不断革新,内则平行作业,外则全面协作,因而取得了不少巨大胜利。

以上所说,可见任何桥梁技术中的关键问题,在社会主义的我国总能合理解决,因而桥梁建设得以迅速发展。桥梁建设只是社会主义建设中的一个极小部门,然而它和其他部门一样,从本身实践中,证明了社会主义制度的无比优越性,它给科学技术事业所创造的极其广阔的发展天地,再一次证明了党的总路线的无限生命力!

原载 1959 年 12 月 18 日《人民日报》

掌握决策科学,推动四化建设

  我国四个现代化的伟大建设是一项复杂的、科学的社会工程。为了帮助各级领导及管理人员进行决策及管理,需要一门建立在马克思主义的社会科学和现代科学技术的基础上的新兴学科——暂且称之为"决策科学"吧。在当今世界上的先进科学技术同社会经济大发展的新形势下,要把我国建设成高度民主、高度文明的社会主义现代化强国,一条新的路子就是以马克思主义和毛泽东思想为指针,认真研究决策的科学方法学,因为四化建设非常需要它。

  在古代,一些具有远见卓识的领导人物,可以凭借自己的特殊才能和各种谋士,做出有效的判断和决策,当然,也不乏失败的先例。可是,在现代,在极其复杂的社会因素和科学技术高度发展的面前,单凭个人的经验和才能,就驾驭不了复杂的"社会机器",也很难做出完善、正确的决策。因此,为决策服务的参谋体制和咨询机构就要以决策科学做指南，使其日益完善地发展起来。所谓领导科学，一般地讲，同政治学、经济学、社会学、科学学、未来学、管理学、人才学、情报学、系统科学、行为科学等多门学科，都有密切的关系。它是一门跨学科的科学，既包括社会科学又包括自然科学，而这些科学都是用来解决现代社会的控制和管理的。

领导科学的产生，是有着深远的社会背景的。第二次世界大战以后，由于科学技术的发展，生产领域开始出现诸如电子技术、半导体、激光、原子能、计算机技术和宇航工业等部门。这些工业的显著特点，就是企业的高度专业化和高度综合化。一个大企业，往往需要成千上万个中小企业为之协作配合。同时，有关社会发展的科学水平，也有了大幅度的提高。从社会范围内出现了层次分明、纵横交错的科学劳动结构。科学研究摆脱了"个体劳动方式"，变成了国家规模的"大科学事业"。就我国情况来说，也正在逐渐出现这样一种发展趋势。凡是重大项目的计划体系都需要运用大量的人力、资金和物资，来制定最经济、最合理、最有效的决策方案。

我国的社会主义建设事业，更远远大于上述那种体系。进行这种建设，就像军事活动家指挥一场现代化战争一样，需要多层次、多兵种的立体结构。要领导好社会主义的建设事业，领导者需要及时地掌握大量的随机因素，运用决策的科学方法才能运筹帷幄,决胜千里。

因此,所谓决策的科学方法学,就是现代科学技术在复杂的社会因素中高度发展的结果,也是现代社会管理的直接产物。正因为如此,我们应当把决策的科学方法学当做四化建设的重要内容,把它及早建立起来,而且要为研究它拿出一定的力量。同时,也希望我国出现众多的人才来很好地研究这门科学,为建设四个现代化当好参谋,为领导者的决策服务。

当前,把决策的科学方法运用到国民经济调整上去是相当重要的。譬如说,工业、农业、科学教育事业、人民生活等方面,在调整时期都有很多重大问题需要运用科学的手段加以分析比较,权衡得失利弊,进行决策。我们知道,计划上的节约是最大的节约,计划上的浪费是最大的浪费。决策的好坏直接关系到经济上、政治上的成败。因此,在调整时期中有大量的决策工作要做。我们在前进的道路上,会遇到一些困难。只有正确对待这些困难,实事求是地进行调查研究和科学分析,才能实现正确的科学决策。由此看来,一切事物发展的前景如何,在一定程度上也取决于决策的选择。

目前,我国的管理工作亟待加强,决策的科学方法也亟待研究。如何健全、完善我国决策管理体制,提高科学预见性;怎样利用我们目前已经掌握的科学知识和科学方法,为决策科学服务;如何才能把领导人员在决策方面的丰富经验加以提炼使之照科学的方法行事,提高他们的决策能力和技巧,等等,这些问题已日益引起我国各级领导干部、科技工作者、管理工作者和人民群众的关注。我们深信,随着社会主义建设事业的发展,现代科学技术手段的运用,决策的科学方法必将越来越受到社会的重视,各级领导及管理人员,也必将越来越广泛地应用它。

原载 1981 年《科学与生活》第 4 期

四个现代化宣讲会开幕词

同志们：

由全国科协和北京市科协联合举办的四个现代化宣讲活动，从今天起正式开始！

通过宣讲活动，将着重介绍世界发达国家农业、工业、国防和科学技术方面现代化的概况和今后发展趋势以及我国四个现代化的展望，使广大干部和群众能对四个现代化以及我国目前状况与世界先进水平的差距，有个概括的了解，从而，明确任务，坚定信心，鼓足干劲，大干快上。这就是我们举办这次宣讲活动的宗旨。

为此目的，我们制定了下列计划：

1. 从 11 月开始，以报告会为主要形式，开展宣讲活动。暂定宣讲专题 35 个，每周宣讲四次。每一讲聘请一位有名望的人士。

2. 首先请各有关部门的领导同志，分别对农业、工业、国防和科学技术的现代化做综合性的讲述。

3. 吸收各单位热心于科学普及的同志，组成宣讲队，向广大干部和工农兵群众，宣讲四个现代化的重要性，它在世界上的现状、成就和将来的发展趋势。

4. 从全国和北京市各学会以及各科技单位，返聘各门各业的专家，以宣讲队员为主要对象，对四个现代化做各种专题报告。

5. 听讲票发至各有关单位。由于会场座位限制，将各主讲员的报告稿，印成资料向各省市自治区提供，再选择一批宣讲员，运用主讲人的讲稿，进行传达或播放录音，尽量扩大听众范围。

6. 在报告时，广泛运用幻灯、电影、录音等宣传形式加以配合，努力做到宣讲活泼，形象生动，通俗易懂，深入浅出。此外，还要充分利用广播、电视、报刊等工具，扩大宣传。

同志们！我们举办这次宣讲活动，由于本身力量所限，经验不足，需要得到各有关方面的协作支持，尤其需要广大干部和工农兵群众对我们的工作提供宝贵的意见。借此机会我代表全国科协、北京市科协，向各位承担做报告和宣讲的同志们，向各单位支持这项活动的领导同志们，向承借宣讲场地的单位，向参加报告的各报刊、电台的同志们以及所有支持这项活动的干部和工农兵群众，表示衷心的感谢！

三十年来之中国工程①

——中国工程师学会三十周年纪念刊再版序

《三十年来之工程》，固为三十年来我国工程师集团努力之表现，实亦我国防民生进入现代化之史实，本会编辑是篇，旨在检讨过去，策励未来，初版诸序，言之详矣。

吴君涧东，纂是书于抗战艰苦之会，一力支持，完成巨秩，其事难能，其功为伟，唯篇内各文，系由各专家分任执笔，且又均撰述于战时，资料搜集，苦多疏漏，故全书内容，不无长短殊致，详略互异，轻重去取，标准亦不尽同，此大醇小疵，撰稿诸君，亦同此感。但一篇既出，汇三十年之工程史实，提纲挈领，囊括万态，正告国人，勉所未至，他日即此范型，扩而充之，其为信且美，必益有足称者。

觉斯篇以考我国工程之演进，用知新式工程之来。由于

---

① 本文作于1948年。

军事需要,而其发展,又时与外债相依,凡假力客卿者,其初期情形,有不足以诮自身之进步。然其后我工程师渐能运其智力,自求切合国情国策之发展,尤以抗战期中,物力财力,俱形缺乏之际,筑路开矿,经营轻重工业,精研殚思,克服阻碍,以应时代要求,达成艰巨任务,经此努力,得有成就。用知任重致远之大业,已能近求诸己,深可喜也。

兹以再版付印在即,因吴君嘱,匆赘数语,尤盼续见缩编及译本之发行,以便浏览,以广流传。倘亦吴君之夙愿欤。

民国三十七年二月中国工程师学会会长茅以升

《科学画报》的创造性①

今天,在《科学画报》创刊五十周年纪念的座谈会上,许多同志都踊跃地发言,畅谈了《科学画报》五十年来为祖国的科学事业做出的贡献。大家讲得很好,使我们每个到会的人都受到了极大的鼓舞,了解了《科学画报》在科学的发展与进步中所处的地位。但我认为,要谈到它的真正功绩,最主要的还是应该看到它的先锋作用。我在为《科学画报》创刊五十年纪念题词时,就用了这几个字,即"开路先锋"。为什么如此呢?归纳起来,可有以下几点。

一是时间性:《科学画报》创办于 1933 年 8 月,是一本综合性科普期刊。虽然,从它创刊的时候起就经历了一番曲折的过程,后来又遇到了一个个艰难的创业时期,但它毕竟是

---

① 本文系在《科学画报》创刊五十周年纪念座谈会上的发言。

克服了重重困难,延续了五十年,成为我国报刊之首。据我所知,目前国内所有的报纸期刊,除早年在天津创办,现已移到香港的《大公报》外,没有一家能在创刊年代和发展进程上与《科学画报》相比拟。所以我们说,历史悠久,盛名不衰,可以算是它的特点之一。

二是普及性:《科学画报》创刊时,正处于我国文字改革的萌芽时期,虽然在当时的文艺界,已有用白话文出版的《论语》和其他一些期刊,但在整个报刊界中,还都是以文言文著书立说的。为了克服文言文的局限性,把科学文化知识传送给社会上的每个人,《科学画报》毅然提出"要中国科学化,主要在于民众和儿童具有科学知识"的口号,并决定采用白话文的形式出版刊物,这在当时的科学界是绝无仅有的;尤其是作为新生事物的白话文,在一诞生就受到了社会的非议和排挤的时候。《科学画报》的这个创举,不仅使广大社会成员大开眼界,而且也使人们多年来接近科学的迫切愿望成为可能和现实。同时,它还把世界上许多的先进技术和实际应用理论直接地介绍给了广大读者,起到了桥梁的作用。甚至有许多当时翻译的专业性科学名词,还一直沿用至今。因此,用简洁而朴实的语言把科学知识推广到整个社会,为后来科学技术的进步铺路,是它的特点之二。

三是科学性:《科学画报》一经以画报的形式大量发行,

就以其独特的风格闻名于世。虽然那时国内已有其他类型的画报，如《良友》之类，但那大都是以介绍社会奇闻、名人轶事为主要题材的，唯有《科学画报》是国内仅有的一本以科学知识为主，并用图画做辅助说明的期刊。它的内容新颖，以通俗的文字，生动的形象，向读者介绍了大量的科学文化知识，使人们在读书看画中，就能了解和掌握到一些科学界的新动向和与现实生活密切相关的科学知识。它的出现，可以说是画刊界的一件大事。它第一次使深奥的科学进入了通俗易懂的图画，并把两者有机地结合在一起。以科学为主导来办画报，使《科学画报》区别于他类画报，这是其特点之三。

四是生动性：《科学画报》还有一个最显著的特点，就是"文中有画"。我们知道，一般期刊在表现一个图像时，大多采用现代化的手法照片。它的缺点从根本上讲就是存在着一定的局限性，很难使人了解到图中所要表达事物的实质。尤其是要表现某些工程建筑方面的事物就更显得不足。所以《科学画报》从一开始还采用了"线条示意图"的手段，这样做的好处是使看图的人既能了解到事物的外貌，亦能通过一些剖面和侧视等等表现手法抓住事物的内部的规律性。在这点上，我是深有体会的。1937年，当第一座由我国自行设计并主持施工的近代化桥梁钱塘江桥建成后，许多人想了解桥的构造和建桥经过。为此，我就先后写成八篇带有图画的文章,在《科学画报》上连续登载,供大家参考。其结果不单搞专业的人看得懂,就连一些略知建筑基础的人,也能从中了解到许多关于桥梁结构的知识。但这些都只是对用"线条示意图"而言,如不这样而采用照片,其结果是很难设想的。所以,以图释文、图文并茂,是它的特点之四。

五是联系性:《科学画报》的联系性,更多地体现在科学研究和与读者的关系上。大家知道,《科学画报》是由中国科学社负责编辑,中国科学图书仪器公司负责出版和发行的。所以,一开始就由中国科学社领导。中国科学社是我国老一辈科学家创办起来的一个民间学术团体,旨在提倡科学,以先进的科学技术改造旧中国。它有自己的科学社刊、生物研究所、图书馆和出版公司。这些优异的条件,使《科学画报》比之当时其他刊物,有一个相当雄厚的物质基础。如体现在稿件的来源、实践的条件以及从事科学研究等等方面。此外,为了扩大同读者的联系,《科学画报》编辑部还特地找了八十多位各方面的专家,组成了负责回答问题的机构,给读者以提供讨论科学疑难的机会。并选择有普遍意义的问题在画报上发表,让大家讨论。这样做的优点是使读者既增添了对《科学画报》的兴趣,也在某种程度上提高了稿件的质量。我想,这也可以算是《科学画报》应该提及的特点之五吧。

总之,《科学画报》创刊半个世纪以来,无论就其内容和所涉及的范围来说,确是起到了开学风之先的作用。并创造性地把许多好的思想和工作方法结合在出版与编辑之中,成为国内第一流图文并茂的综合性科普期刊。但从形势发展的要求来看,《科学画报》毕竟还存在着某些不足,还应采取各种不同的方式和途径来满足读者的需要,尤其应该着手解决广大群众在建设四化中所遇到的难题。只有这样,才能使《科学画报》继续保持过去五十年来的光荣传统,在全面开创社会主义新局面中做出更大的贡献。

再次祝贺《科学画报》创刊五十周年!

原载 1983 年《科学画报》第 10 期

《竺可桢日记》序

　　竺可桢同志是我国著名的科学家和教育家，他不仅是我国科学普及事业、地学方面多门学科和科学史等研究事业的倡导者，并且是我国近代地理学与气象学的主要奠基人之一。从20世纪初，他就怀着炽烈的爱国热忱矢志发展我国的科学事业，披荆斩棘，建立了我国第一个气象研究所。五十余年间，他一直是勤勤恳恳、兢兢业业地为祖国为人民工作，并在教育事业、地理和气象等事业上，做出了卓越的贡献。

　　我第一次见到竺可桢同志是在1916年。那时，我正在美国康奈尔大学读书，听说有个华人办的宣传科学的组织中国科学社，就去申请参加。由于作为社员要经常为社刊写一些文章，而科学社的创办人之一又是竺可桢，所以，我便与他有了些接触，但那只是一般的联系而已。直到1920年回国后，我和竺可桢同在东南大学任教，我们才有了进一步的交往，了解到了他的一些思想和经历。

我与他交往更多的还是在 1936 年,我在杭州建造钱塘江大桥的时候。那年,他也正好到杭州的浙江大学任校长。时值浙大缺少任课的教授,故此他邀我去为他们做不定期的讲演,他闲暇时也曾到我的住处来互叙友情或共进晚餐。有一次,他竟还兴致勃勃地同我一起到工地上去看造桥,并在那儿待了一上午。回来后,又特意写了篇日记来描述那天他所看到的情景(我在 1981 年才见到这篇日记并编入了我的《钱塘江建桥回忆》集)。他虽然不是搞土木的,可对建桥之事却知道得很多,无须指点,便能把施工的情况及过程写得一清二楚,连一些内行的人看起来都觉得语意贴切,条理分明,大有精通之势,可见他学识渊博及涉猎范围之广泛。

1937 年以后,由于先后同是中央研究院评议员的关系,一起开会较多,我又与竺可桢有过一段频繁的接触。其中也使我更多地看到了他的一些朴实的工作作风和优良的道德品质。尤其给我留下深刻印象的是 1938 年浙大被迫迁校时,他的那种忘我的劳动精神和高度的责任感:即使妻、儿有病,他都为迁校繁忙,只顾奔波在湘桂路上。

解放后,党和人民给了他极大的信任和荣誉。二十多年,竺老更是把自己的全部精力扑在了祖国的科学事业上。他身兼全国人民代表大会常务委员会委员、科学院副院长、生物学地学部主任和中国科协副主席等职，每天有大量的日常工作和社会工作要做，尽管如此，他还要抽出很大一部分时间去搞科学研究和自然资源的考察。记得他在71岁那年，还坚持参加了南水北调的考察队，并亲自登上了海拔4000米的阿坝高原。这是他一贯的品德，不畏长途跋涉，不畏道路艰险，只要工作需要，就一定要干！也正是因为这种坚忍不拔、勇于追求科学真理的精神，不合江青反革命集团的口味，使他在一生的最后几年里感到了很大的压抑。

　　我最后一次见到竺老，是在1972年的秋天。碰巧，竺老的老朋友邹树文从南京来北京，听说竺老身体欠安，就约我一起去竺老家看他。故友重逢，大家自然是分外高兴，可竺老却一句不提自己的病情，也不许我们说一个字。他只是义愤填膺地对我们讲述那些年轻视和诋毁科学技术的怪现象，斥责那种把建国十七年来的一切成就都抹杀掉的谬论，并深刻地指出，只有发展科学技术才能给中国带来希望和光明。看着他的那颗耿耿赤诚的爱国之心，那种虽在病中却仍忧虑着祖国前途及科学事业繁荣的情怀，我俩都大为感动，劝他不要过于性急，科学兴国的方针终有一天会被人们视之为真理。听我们此说，竺老自然双手赞成，只是担心自己的病体等不到这一天。事实也是，从我们那次谈话以后，不过一年多工夫，竺老就谢世了。我们谁也不会想到竺老没能看到他所希冀和盼望的事情得到实现和满足；而那次见面，竟也成了他与我们的永诀！

竺老就是这样默默地离开了我们。他的逝世对我国的科学事业无疑是个重大的损失。但他的生活实践告诉我们，竺老确是一个坚强的战士。他一生忠贞于祖国的科学事业，艰苦奋斗，坚持真理，并给我们留下了一大批宝贵的科学遗产，其中包括他写了几十年的一部日记。他是值得赞颂的，特别是在今天，在祖国科学事业日益繁荣的大好形势下，我们就更应该学习他那种立志于科学事业的献身精神，为全面开创社会主义现代化建设的新局面而贡献力量。《竺可桢日记》的出版，为我们了解和学习竺老的精神品德，了解他如何走过了崎岖曲折的道路，从中吸取有益的东西，提供了极为有利的条件，出版界做了一件好事。

竺老的精神永存！

1983 年 3 月 19 日

《茅以升文集》前言

　　科学技术现代化为四个现代化的关键，而教育则是掌握科学技术的基础。现代化是全国广大人民的共同任务，由科技队伍带头，工农群众进军。不论带头或进军，都需要教育来提高文化水平，来扫除科学盲。

　　但是，我国现行的教育制度，受了外来的影响，有许多人为的限制，不能多快好省地出人才，扯了现代化的后腿。

　　（1）教育制度　　不论大中小学校，皆以脱产学习为正规，即是不从事生产劳动而依靠国家和家庭的资助来学习以至毕业者为"正途"出身，其余所有从事生产劳动而同时接受业余教育及自学者，一般说皆无国家补助，很难博得"资格"，以致"十仞宫墙"的大学，特别是"重点"大学，使人感到可望而不可即，挫伤了好学青年的积极性。以我国人口之众，正途出身者实在是寥寥无几。很显然，我国教育上的藩篱，有解放的必要。

（2）教育方法　我国历来教育的基本原则是从理论开始，然后灌输专业知识，在"理论基础上专业化"。亦即是先学而后习，但从"认识论"的原则言，则应先实践后理论，先感性认识后理性认识，先知其然，后知其所以然，亦即我国古代遗训之"致知在格物"。对业余教育，此为顺理成章之事，但对正规教育言，则不仅是改革，而是革命。

（3）科学体系　现在所谓自然科学，只有一种体系，即按自然界物质运动的规律，依照其不同性质，分成不同的学科，学习科学，必须依照学科系统，从所谓基础课开始，此对正规教育言，所有学生，别无他务，当然可行，但工农群众所迫切需要者为生产中的应用科学，对于分学科的系统学习，认为是"远水救不了近火"，阻碍了学习科学的热情，如果依照生产专业的实践，将自然界物质运动的规律，重行组织，构成各行各业的专业科学的系统，在"专业基础上理论化"则可逐步地使科学群众化。

对于教育解放和科学群众化这两个重要问题，我在过去三十年的报刊上，发表过一些意见，希望引起读者注意。但报刊上的文章，由于零星发表，缺乏系统性。现在汇集成书，并附一些有关技术的文稿以期我对"科学属于人民"的思想以及如何实行的建议，可以完整地贡献于读者之前，以求评论和教益。为了四化而抛砖引玉,是这本书的希望。

书中文稿发表日期,最早与最后,相差三十年,由于政治环境的不同,文中所引资料及所用术语,前后不能一致,祈读者谅之。

本书在编辑过程中,最初是人民教育出版社的邱瑾同志审阅,其后是科学普及出版社郑公盾等同志审阅,在此表示感谢。

1982 年 8 月 1 日

《中国石拱桥》是怎样产生的

　　《中国石拱桥》一文,是 1962 年我在报刊上发表的关于古代桥梁几篇散文中的一篇。

　　我国古代桥梁建筑,有悠久的历史。史籍记载、诗人题咏、民间传说,有不少美丽动人的篇章。而保存至今的大量古桥,可为历代桥工匠师精湛技术的历史见证;并且自成流派,独具风格,在 13 世纪以前,一向居于世界领先地位。可惜的是,后代人们对古桥美的欣赏,虽有传统爱好,但对古桥在我国灿烂文化史上所占有的地位以及技术的创造发明,则知之甚少。这是由于过去尚少专著介绍,学者对于古桥建筑的研究,也还是迟至近代,才刚刚开始。《中国石拱桥》这篇文章,便是在这种浮想联翩的情感中所写成的。

　　我国桥梁起源甚早,传说很多。明代陈尧在《端平桥记》中说:"夫桥建于夏,而桥之名自夏始。至秦汉有大小,则以大小异其称……"（端平桥在江苏南通，建于明洪武二年）据此说则桥之名自夏始，距今约四千年，但实际上自从有了道路，也必然就有了桥。近年河姆渡遗址的发掘，证明在距今七千年前，人们已掌握了榫卯木结构的技能，就是说已有可能建造多柱木梁桥了。石拱桥的出现，晚于木梁桥，因为开采石料，需用铁器，而我国铁的冶炼，是在公元前六七世纪。但石料一经用于建桥，立即得到长足发展，不断取得可喜成就，可说是造桥术上的一个飞跃。并且时至今日，现代化的铁路、公路和城市桥梁，石拱桥仍在起着积极作用，方兴未艾。因此，当我在撰写《中国石拱桥》一文时，一种上下古今，无限赞美之情，不禁倾注笔端，自然流露。

我国古桥，素有"北赵州，南洛阳"之说，而赵州桥更是独步千古，闻名于世界，历时一千四百年，仍然保持旧时风貌，可说是东方石拱桥之最。卢沟桥建于金明昌二年（1192 年）是意大利人马可·波罗在元代首先向国外赞美和介绍的第一座石拱名桥。赵州桥是敞肩拱桥，卢沟桥是联拱石桥的代表之作，都是人所共知的名胜古迹，所以就选用这两座桥，作为典型描述。石拱桥的形式是多种多样的，此外还有不少名桥杰作，不能一一列举。即对本文主述的两桥，也只是概括地介绍它们在建筑技术上的特点，如赵州桥敞肩式的创新，大大地减轻了桥身的自重和有利于怒洪的排泄，卢沟桥把 11

个半圆拱联成一个整体,所以能经受大水冲刷而不坏以及它们的结构造型和四周景色谐调混成,雕刻古朴生动,显示出艺术上的高超造诣。这也是对这两座名桥的忠实写照和对我国古代劳动人民智慧和力量的应有评价。

本文主题思想,归结为三点,其中心意思是:我国石拱桥的设计施工自成优良传统,不仅能胜任地完成了几千年来政治、经济、军事诸方面所赋予它的历史任务,即在道路交通现代化的今天,仍然不失为"有用之才"。因此总结为:用料省、结构巧、强度高,用以说明它们经济上的合理,技术上的精湛,实用上的功能。

本文是应《人民日报》约稿而写的,对象是一般读者,后来被选入初中语文课本,未经另作修订。有位教育出版社的同志对我说:"这篇文章,已经过了约几十万位教师的讲述和几千万青年学生的诵读。"则是我当初写作时意料所不及的。多年来,有不少中学教师和我通信,提出过一些商榷意见,使我深受教益。最近,《教学通讯》编写了《作家读语文课文》一书,选入了《中国石拱桥》一文,并要我写一篇创作经过同时刊登。作家这个称号,我不敢当,但创作经过总是有的。为此,写一点个人见解,希望能对广大教师和同学们对我国石拱桥的理解,有所贡献。

1962 年

人间彩虹

《人间彩虹》这部影片介绍了许多我国传统的名桥，这些桥的结构风格，都各尽其妙，不愧为人间的"彩虹"。

把人间的桥，比作天上的虹，在我国是由来已久的。不但诗文里很早就有桥虹并提的词句，如六朝梁元帝赋"虹桥左跨，雁苑南飞"，而且很多桥就名为"卧虹""垂虹""飞虹""长虹"等等各式各样的虹。形容一个桥的壮丽，就说"长桥卧波……不霁何虹"（杜牧《阿房宫赋》）。为什么偏偏要拿虹来形容桥呢？

虹在天空，光彩鲜艳，不但美丽可爱，而且形如半环，从眼前跨到天边，引起人们的深思遐想，壮志宏图。如果能走上一个环，岂不是环到哪里，就能走到哪里吗？环到天边，就走上了天！至于人间的万水千山，那就更是一跃而过了。问题是如何能有这个环。也就是，在人间，如何来造桥。唐代大诗人李白,就曾感叹过:"安得五彩虹,架天作长桥!"

路是人走出来的,桥是人造起来的,有了路,还要桥,开路要人,造桥更要人。然而,造桥也真不简单,第一要坚固,第二要适用,第三要美观。人也是够聪明,而且也确有力量,不论什么高山大川,鸿沟天堑,一道道的桥,都已造过来了。不用说,桥是越造越大,越造越难的,人类造桥历史,就是社会发展的一个里程碑。造桥的光辉业绩,就是一国文化的一个展览会。我国数千年来造了无数的大桥小桥,其中很多在当时是大大超出世界水平的,说明我国人民真是"六亿神州尽舜尧",人尽舜尧,还怕造起来的彩虹不能和天上的比美吗?不但能比,而且还能造出远远胜过它的社会主义大桥,它将把人们带进共产主义!

桥,确是值得尊敬的。它为人带来了方便,却把困难留给自己。在惊涛骇浪中,建树起桥墩,在狂风骤雨中,架立起横梁,造桥的人们该是做了多大的功德啊!天上有彩虹,人间有长桥,谁说人不能胜天!

原载 1962 年 10 月 7 日《北京晚报》

茅以升年表

1896 年　丙申

　　1 月 9 日(农历乙未年十一月二十五日)茅以升,字唐臣,生于江苏省丹徒县(今镇江市)五条街草巷。祖父茅谦生三子,父乃登、母韩石渠,叔乃封、乃经。兄以南。

　　10 月,全家迁居南京钓鱼台。

1897 年　丁酉　2 岁

　　父补博士弟子员。

1898 年　戊戌　3 岁

　　随母识字。

1899 年　己亥　4 岁

　　识字渐多。

1900 年　庚子　5 岁

　　随兄入牛市贾治邦私塾,读《论语》。

1901 年　辛丑　6 岁

祖母病逝。

1902 年　壬寅　7 岁

祖父任《南洋官报》总编纂,父任《中外日报》南京通信记者。弟以新生。乃封入学江南陆师学堂。

1903 年　癸卯　8 岁

迁内侨牙巷。入思益学堂。祖父创办养正学堂。二叔赴日入士官学校学陆军,乃经入学江南水师学堂。妹以纯生。

1904 年　甲辰　9 岁

迁中正街。

1905 年　乙巳　10 岁

迁八条巷。父为新军第九镇统制徐绍桢延揽,任一等书记官。端午秦淮河赛龙舟,观者挤坍文德桥,溺死多人,因而萌发建桥之愿。

1906 年　丙午　11 岁

考入江南中等商业学堂,喜爱英文、数学两科,打下基础;假日从祖父读古文,过目能诵。

1907 年　丁未　12 岁

学堂课读严格,考绩常居八至十名。喜读《天演论》《新民丛报》,常临《玄秘塔》。闻徐锡麟、秋瑾遇难,悲愤激昂。

1908 年　戊申　13 岁

学堂令学生为慈禧、光绪每日行礼举哀,与同学裴荣剪辫子以抗议,被记大过。

1909 年　己酉　14 岁

激于爱国义愤,在"赎路"大会上认股百元,母未责备。兄在日加入同盟会。

1910 年　庚戌　15 岁

学校改名江南高中两等商业学堂,升入高等预科。

1911 年　辛亥　16 岁

北上报考清华学堂,因误考期,改考唐山路矿学堂预科而被录取,成绩每列前茅。

10 月,因武昌起义停课,南返。全家避居上海德丰北里,年底回宁。

11 月,江浙联军组建于镇江,乃登任总司令部秘书部副长;乃封任参谋部次长,年底攻占南京,任南京宪兵总司令。

1912 年　壬子　17 岁

元旦,孙中山在宁宣布中华民国成立并就任临时大总统。先生欲效同学弃学从政,遭母严责;秋,听孙中山关于革命需要武装、建设两路大军之演说,选定桥梁专业,专心攻读。

暑假中,与戴传蕙成婚,婚后返校。

1913 年　癸丑　18 岁

　　升入本科二年级。

1914 年　甲寅　19 岁

　　寒假游北京。

1915 年　乙卯　20 岁

　　见袁世凯称帝新闻,愤极,发誓再不看报。

　　长子于越生。

1916 年　丙辰　21 岁

　　以四年成绩总平均名列第一毕业于唐校,考取清华留美研究生。

　　9 月,赴康奈尔大学桥梁系,以特优考分引起校方重视,并决定:今后唐校学生来读可免试注册。

1917 年　丁巳　22 岁

　　获硕士学位。经贾柯贝教授介绍往匹兹堡桥梁公司实习,同时在卡内基 - 梅隆理工学院夜校攻读工学博士学位。

1918 年　戊午　23 岁

　　至年底读满学分,准备博士论文。

　　任匹兹堡中国留学生会副会长。

1919 年　己未　24 岁

　　10 月,博士论文《桥梁框架之次应力》通过,获该校首名工学博士学位和斐蒂士金质奖章。

12 月 18 日,登轮返国。

1920 年　庚申　25 岁

1 月 4 日抵南京。任南京下关新惠民桥工程顾问。

8 月,赴唐山工业专门学校任教授。

长女于美生。

1921 年　辛酉　26 岁

4 月,交通大学成立,任交通大学唐山学校副主任。

次子于润生。

1922 年　壬戌　27 岁

7 月,辞职返宁,任国立东南大学教授兼工科主任。

1923 年　癸亥　28 岁

5 月,唐校学生罢课游行响应开滦煤矿罢工。交通部令开除全校师生。先生愤书声援文章,通过邵力子连日刊登于《民国日报》,形成南北舆论,交通部被迫收回成命。

康奈尔大学土木工程系主任贾柯贝教授闻先生任东大工科主任,将其珍藏的全部美国土木工程师学会学术会刊连精美书橱运赠给东大工科。

12 月,东大主要建筑"口字房"焚毁,先生任复校委员会主委,募款建新校舍。

为中国工程学会总会董事部成员。

次女于璋生。

1924 年　甲子　29 岁

任河海工科大学校长。三女生,为纪念东大,取名于东,后改于冬。

1925 年　乙丑　30 岁

交通总长叶恭绰迭函坚邀,赴京任交通部技正兼育才科副科长。

1926 年　丙寅　31 岁

2 月,任唐山大学校长,处理唐校风潮后,辞职回部。

7 月,兼路政司考工科副科长。

8 月,任中国工程学会筹委会主任。为南洋大学三十周年校庆撰写《工程教育之研究》。

四女于燕生。

1927 年　丁卯　32 岁

2 月起应校长刘振华约,往北洋大学代课,后受聘专任教授。

1928 年　戊辰　33 岁

研究共线图。

5 月,因停课全家南返,过沪在邹秉文家中晤孔祥熙,约任财政部工业司帮办。

8 月,应邀视察黄河铁桥,研究修复方案。

12 月,就任北平大学第二工学院院长。

1929 年　己巳　34 岁

3 月,第二工学院教学大楼起火尽毁,先生争取"中比庚款"十万元以重建。

应邀赴杭为北洋校友作报告,晤见曾养甫。

1930 年　庚午　35 岁

2 月,劝专职教授们勿去外地兼课,致遭攻击,南下向教育部辞职。

回镇江任江苏省水利局长,主持规划象山新港。

1931 年　辛未　36 岁

7 月,淮河涨水,8 月 31 日忽起大风,高宝段倒堤三十多处,先生与建设厅长孙揆伯皆引咎去职。

1932 年　壬申　37 岁

1 月,应邀主持天津大陆银行实业部。

2 月,家眷到津,居福兆里。应邀去北洋工学院兼课。

8 月,受聘专任教授,辞大陆银行职。协助筹办中国工程师学会天津年会。

1933 年　癸酉　38 岁

3 月,应约赴杭,与浙江省建设厅长曾养甫面谈兴建钱塘江桥事。8 月,就任钱塘江桥工委员会主任。10 月,写成钱塘江建桥计划书。应宋子文邀,以助建桥经费为条件,暂兼全国经济委员会水利处长,拨款救济苏北灾区。

1934 年　甲戌　39 岁

1 月,"全经会"通过补助桥工经费一百万元。行政院长汪兆铭委先生赴津整理北方水利机关。

2 月,携眷返宁奔父丧。

春初,建桥借到二百万元,任钱塘江桥工程处长,请罗英为总工程师,11 月 11 日举行开工典礼。6 至 8 月主编中国工程师学会《工程》期刊《桥渡专号》上下册。

1935 年　乙亥　40 岁

3 月,钱塘江桥正式施工,辞海河工程处长及水利处长二职。

1936 年　丙子　41 岁

催齐全部桥款,忙于桥工,母以"唐臣修桥如唐僧取经过八十一难乃成"相激励。中国工程师学会 8 月在杭年会,推为筹委会主委,《工程》特出《钱塘江桥工程》专刊。

1937 年　丁丑　42 岁

7 月,抗日战争起,钱桥日夜赶工。8 月 14 日,敌机空袭大桥,正率众在六号墩水下 30 米沉箱内工作。9 月 26 日铁路通车,11 月 17 日公路通车,届此,中国首座自行设计并监造的公铁两用双层现代化大桥建成。因敌逼近,12 月 23 日将桥炸断。铁道部发表先生为工务司帮办,赴粤汉、京汉等线巡视,制定抢修桥梁方案。

茅以升全集

7

1938 年　戊寅　43 岁

3 月,任内迁湘潭之唐山工学院院长。

5 月,率院迁湘西杨家滩。6 月,接交通部令赴贵州盘江桥研究炸后修复事。长沙大火后,决定唐院迁贵州平越。

1939 年　己卯　44 岁

迁院平越,借房复课。

1940 年　庚辰　45 岁

3 月,赴渝出席中央研究院评议会会议。

5 月,筹办高中,平越人士大悦。

11 月,为母七旬寿,与兄、弟捐基金二千元,请中国工程师学会设"石渠奖金",专奖研究土力学的优秀会员。

1941 年　辛巳　46 岁

2 月,赴渝出席教育部学术审议会会议。

8 月,应曾养甫约,为筹备滇缅铁路赴仰光会商。

10 月,中国工程师学会在贵阳召开年会,授先生名誉奖章以表彰钱塘江桥建成劳绩。兼任交通部桥梁设计工程处处长。

1942 年　壬午　47 岁

学校因原唐、京两院之争,改名交通大学贵州分校,先生去职,赴贵阳专任桥梁设计工程处处长,筹备中国桥梁公司。

1943 年　癸未　48 岁

3 月,赴渝出席中央研究院评议会。

4 月,中国桥梁公司由交通部及中国、交通两银行合资成立,先生任总经理。

5 月,出席教育部学术审议委员会,陈立夫劝各委员加入国民党,先生未理。

为建缆车以利重庆交通,牵头筹建缆车公司,任总经理数月。

1944 年　甲申　49 岁

兼任全国水利委员会常委,受教育部聘为部聘教授。秋,日军犯黔,交大贵州分校徙渝,先生与在渝校友全力协助在璧山丁家坳复课。

11 月,任交通部各路保送赴美实习人员甄审委员会委员兼秘书。

1945 年　乙酉　50 岁

1 月,以"一周之报,报之一周"为旨,与交通印刷公司经理王镂冰创办《报报》。

11 月,为筹建重庆两江大桥见行政院长宋子文,宋允支持并请设计审核黄河堵口工程,发表先生为行政院参议。

1946 年　丙戌　51 岁

1 月,母逝,纽约、华盛顿报纸为此发新闻。行政院为利用美援,组织工程计划团,委侯家源及先生为正副团长,先生筹划桥梁公司内迁,不问工程团事。

4月,权桂云来归。

6月,创办中桥上海分公司,任钱塘江海塘工程局长,荐汪胡桢任副局长,唐振绪为总工程师。

教育部发表先生为北洋大学校长,因筹划中桥迁沪并成立重庆分公司,屡辞不允,发表金问洙为代校长。

1947年　丁亥　52岁

4月,应杜镇远约赴汉口商武汉长江大桥事、赴广州察办西南大桥修复事。

6月,教育部因上海交大学生民主运动拟开除学生九十余人,请先生任校长解决学潮,先生组织校务整理委员会,仅停12名学生一学期课。

9月,北访北洋大学、唐山工学院及京津诸亲友。

12月,辞北洋大学校长职。

1948年　戊子　53岁

2月,赴港、穗洽谈西南大桥借款、签约事。

7月,当选中央研究院院士。

8月,赴台北主持中国工程师学会年会开幕典礼。

1949年　54岁

5月2日,上海市政府发表先生为秘书长,先生坚拒,避入中美医院。中共地下党组织希望先生出任以配合解放上海,保护工厂和营救被捕学生。上海解放后,陈毅市长对先生说:"我知道,你对上海解放,是有贡献的。"

9月,赴京出席中国人民政治协商会议第一届全会,受毛主席接见和周总理宴请。10月1日,登天安门城楼参加开国大典。

10月,任中国交通大学校长。

五女玉麟生。

1950年 55岁

5月,应教育部约视察东北教育。

8月,任全国科联委员、全国科普协会副主席。

9月,兼铁道技术研究所所长。五一、十一均上天安门观礼台。

1951年 56岁

元旦,参加中南海勤政殿团拜、聚餐,与毛主席同席并请为北方交通大学题写校名。

1月,率专家工作团赴大连对原伪满铁路研究所调研。

3月,出国参加世界科协大会,会后参观捷克、苏联并赴瑞士看长子于越。

1952年 57岁

元旦,参加勤政殿团拜、聚餐,并亲聆毛主席谈"三反"

运动。

5月,专任铁道技术研究所所长。

8月,加入九三学社。

12月,任中华全国自然科学专门学会联合会北京分会主任委员。

1953年　58岁

春,任中国科学院技术科学部副主任。

9月,去怀仁堂列席中央人民政府第二十四次会议。出席中国土木工程学会成立大会,任首届理事会理事长。

10月,参加全国政协第三次赴朝慰问团赴朝,11月返京。兄以南病逝于沪。迁居地安门织染局。

1954年　59岁

4月,主持铁研所行政工作会议,提出"一切为研究,研究为运输"的口号。

6月,任北京市科联主任委员。

9月,以江苏代表出席全国人民代表大会第一届会议。10月,率全国科普代表团访苏。

12月,以委员出席第二届全国政协会议。

1955年　60岁

2月,任铁道部武汉长江大桥技术委员会主任委员,视察桥址。

6月,率中科院学部委员东北视察团赴东北视察。

7月,出席全国人大一届二次会议。

11月,参加以郭沫若为团长的中科院代表团访日,在东京学术报告会讲"中国新建设",在土木工程学会、东京大学、京都大学均介绍武汉长江大桥工程;归国在杭受毛主席接见,汇报钱塘江桥兴建经过并共进晚餐。任中科院奖金委员会委员。

1956年　61岁

1月,出席全国政协二届二次会议,向毛主席介绍科技组各委员。

2月,出席九三学社一大,当选中央常委、科文工委主任。

3月,出席周总理到会的科学规划会议,任以陈毅为主任的国务院科技规划委员会委员。

4月,参加中国文化代表团赴意大利、瑞士、法国访问。

6月,赴葡萄牙参加国际桥梁协会第五次会议。于全国人大一届三次会议当选人大常委会委员。

7月,任铁道科学研究院院长。

9月,应邀旁听中国共产党第八次全国代表大会。被推为留美学生家属联谊会会长。

十一上天安门城楼观礼,晚携眷属上天安门参加晚会,见到毛主席。

出席中国土木工程学会二大,连任理事长。

1957 年　62 岁

2 月,出席最高国务会议,亲聆毛主席演讲关于正确处理人民内部矛盾的问题。

3 月,出席全国政协二届三次会议。

五一参加游园会,晚携眷登天安门城楼。主持留美学生家属联谊会之盛大联欢晚会,周总理做"来去自由,不分先后"的讲话,各副总理及各部长到会。出席中科院学部委员二次全会并提出"科学研究工作的组织和体制问题"的建议。

6 月,出席全国人大一届四次会议并做反右发言。

8 月,赴伦敦参加第四次国际土力学会议,做"武汉长江大桥桥墩基础""武汉长江大桥工程"报告。

十一上天安门观礼。

赴武汉参加大桥通车典礼。

12 月,为全国总工会八大做科普工作报告。

1958 年　63 岁

2 月,出席全国人大一届五次会议。率铁道部慰问团赴鲁、沪、赣农村工厂慰问铁道系统下放干部。

4 月,北京各民主党派向党"交心"运动。先生向党提建议 143 条。

5 月中旬,铁科院批判先生"名位思想",先生向全院干部检讨三次。

9月，当选中国科学技术协会副主席。12月，当选九三学社中央委员会副主席兼科文工委主任。

1959年　64岁

任人民大会堂结构专家组召集人，将审查报告签名呈周总理。

3月，与周培源等视察苏北，4月过镇江下榻镇江地委招待所，欢晤镇江负责同志。

是月出席全国人大二届一次会议、全国政协三届一次会议，连任二届人大常委会委员、三届政协委员及科技组长。出席人民大会堂9月28日国庆十周年大会、9月30日国宴，十一上午赴天安门城楼东二检阅台，晚携眷登天安门城楼，三外孙均幸与毛主席、赫鲁晓夫握手。

1960年　65岁

2月，为中共中央党校自然辩证法班做《新力学》报告。

4月，出席全国人大二届二次会议及全国政协三届二次会议，做《业余教育中的技术革新》发言。

5月，出席中科院学部委员三次全会，做《自力更生，独立创造》发言。主持全国政协文教组与科技组联合召开的座谈会。

6月，出席中国土木工程学会三大，连任理事长。赴瑞典出席第六届国际桥梁会议。

8月,出席九三学社中央委员会全会,受毛主席接见并合影。

9月,参加中国代表团赴苏。参加苏联各地庆祝中国国庆活动。

11月,偕戴传蕙夫人出席苏使馆"十月革命节"招待会。

1961年　66岁

3月,钱学森代表中国力学会来商讨先生所提出的力学中基本概念事。

4月、6月,两度开会讨论。

4月,出席詹天佑诞生一百周年纪念会并做报告。

5月,代表九三学社赴沪向上海各民主党派代表讲活。

8月,参加中科院《科学工作四十条》初稿讨论。二叔二婶相继逝世。

1962年　67岁

1月,率人大、政协视察团赴福建。参观洛阳桥、江东桥、五里桥等著名古桥。

2月,赴广州出席国家科委与中科院联合召开的商定十年科学规划的会议。

3月,出席全国人大二届三次会及全国政协三届三次会。

1963年　68岁

2月,出席国家科委十年科学规划会议,为土木组召集人。

2月,《桥话》在《人民日报》连载。3月,出席全国农业科技会议,与毛主席合影时毛主席说:"你写的《桥话》我都看了,写得很好,你不但是科学家,还是文学家呢!"3月,应文化部约,参观赵州桥,王冶秋、梁思成同行。

7月,出席人大常委会科教文讨论会,发言《建议一个为社会主义服务的教育制度》被周总理指示印发,受叶圣陶好评。任北京科协主席。

10月,视察西北。

1964年　69岁

1月,出席国家科委各专业组长、各部主管科技副部长联席会议。

6月,赴沪探罗英病,罗以《中国石拱桥》未竟稿相托。

8月,出席有亚非拉科学家参加的北京科学讨论会。

12月,出席全国人大三届一次会,当选常委;出席全国政协四届一次会。

所撰《中国石拱桥》编入中学语文课本。

1965年　70岁

8月,赴广州出席中国土木工程学会四大,连任理事长。

10月,参加全国政协参观学习队赴川。

1966 年　71 岁

7 月,参加最高国务会议。8 月 18 日,上天安门城楼。8 月,遭铁科院"红卫兵"揪斗,会后挂牌游院。十一上天安门城楼观礼。

11 月,出席孙中山诞生百年纪念会。

1967 年　72 岁

1 月,戴传蕙夫人病逝。

4 月,权桂云夫人入主家务。

11 月,视察卢沟桥。全年频繁接待外调。

1968 年　73 岁

全年频繁接待外调。

1969 年　74 岁

全年频繁接待外调。

1970 年　75 岁

研究纸质图表计算器成功。经三年努力与夏承栋、陆公达合作编成《桥话》资料九册。全年频繁接待外调。

1971 年　76 岁

撰写《征途三忆》。7 月,《忆人篇·齐眉回忆》毕,9 月,《忆地篇·留美回忆》《忆时篇·童年回忆》毕,凡 14 万字。

1972 年　77 岁

全年频繁接待外调。

1973 年　78 岁

5 月,应日中土木技术交流协会邀请,率中国土木工程代表团赴日访问。

1974 年　79 岁

研究桥梁振动问题。

1975 年　80 岁

9 月,携珍藏近四十年之钱塘江桥资料赴杭赠浙江省档案馆。

10 月,权桂云夫人病逝。

1976 年　81 岁

7 月,因唐山地震波及京津,夜宿车中致感冒转急性肺炎,8 月,入北京医院急救。

9 月,率团赴东京出席国际桥梁结构会议。

12 月,出席全国人大四届三次会议。

1977 年　82 岁

2 月,迁居三里河南沙沟。

1978 年　83 岁

2 月,出席全国人大五届一次会议和全国政协五届一次会议。

3 月,出席全国科学大会,为中央电视台向世界介绍的七位科学家之一。

4月，任九三学社中央委员会领导小组成员。

7月，出席北京市科普工作会议并讲话。

12月，主持中国土木工程学会临时常务理事会第一次会议。《中国桥梁史》第一次编务会召开，先生任主编。

1979年　84岁

主持北京市科协历次会议并做报告。在人民大会堂等处为少儿做科学报告15次，听众两万余。6月，率中国科协代表团访美。

6月，出席全国人大五届二次会议和全国政协五届二次会议。

10月，出席九三学社全国三大，当选六届九三学社中央委员会副主席。

12月，当选中国土力学及基础工程学会首届理事会名誉理事长。

1980年　85岁

3月，出席中国科协二大，当选副主席并致词。在人民大会堂主持有方毅、吕正操、严济慈、钱三强、郭维城等出席的庆祝铁道部科学研究院建院三十周年茶话会，并在庆祝大会上做《铁道部科学研究院三十周年》报告。

6月，出席北京市科协二大，做工作报告并当选第二届北京市科协主席。

8 月,出席全国人大五届三次会议和全国政协五届三次会议。

1981 年　86 岁

主持北京市科协历次会议。先生所撰《没有不能造的桥》获新长征优秀科普作品一等奖。号召海峡两岸科技工作者为祖国统一"大桥"各修一座"引桥"。

11 月,出席全国人大五届四次会议和全国政协五届四次会议。

1982 年　87 岁

1 月,主持中国土木工程学会在人民大会堂举行的春节座谈会。4 月,联合首都 103 位科学家倡议制定《首都科技工作者科学道德规范》。

7 月,美驻华使馆为华罗庚、茅以升分获美国科学院和美国国家工程科学院外籍院士举行招待会。

9 月,列席中共十二大。

10 月,赴美出席美国国家工程科学院十八届年会接受所颁外籍院士徽标。

11 月,出席全国人大五届五次会议和全国政协五届五次会议。

1983 年　88 岁

1 月,视力严重衰退。4 月赴广州就医。

6月,出席全国人大六届一次会议和全国政协六届一次
会议。

9月,赴沪出席上海交大校友总会成立大会,当选名誉会
长。以主席团成员赴沪出席第五届全国运动会并为颁奖人
之一。

12月,出席九三学社四大,当选七届九三学社中央委员
会副主席。

1984年 89岁

4月,赴镇江出席《大百科全书·土木工程卷》编委会成
立会,看望镇江二中师生并合影,去草巷寻根。

5月,出席全国人大六届二次会议和全国政协六届二次
会议,当选为全国政协副主席。加拿大土木工程学会授予荣
誉会员称号。

8月,主编《现代工程师手册》脱稿。

12月,出席中国土木工程学会四届理事会,致词并任名
誉理事长。以先生为首六位科学家发出全社会都来关心青
少年、建立青少年基金的呼吁,迅得响应。

1985年 90岁

视察九江大桥。

3月,出席全国人大六届三次会议和全国政协六届三次
会议。

5月,视察运行近五十年的钱塘江大桥,就另建第二钱塘江桥向中央提出可行性建议。欣任镇江市沈括纪念活动顾问并为沈括故居题写"梦溪园"门额。

1986年　91岁

1月,中国科协、铁科院、北京科协联合举行庆贺茅以升从事科教工作六十五周年暨九十寿辰大会,周培源主持,邓颖超、康克清赠花篮,方毅到会讲话。

5月,在北京饭店宴请美国土木工程师学会代表团。

6月,出席中国科协三大,发言并任名誉主席。加拿大土木工程学会会长莫扎至北京,将该会荣誉会员证书授予先生。

9月,主持九三学社中央委员会纪念建社四十一周年座谈会。出席北京科协三大,做工作报告并任名誉主席。主编《中国古桥技术史》出版,翌年获中国图书荣誉奖。

1987年　92岁

7月,出席抗日战争胜利四十周年纪念会。

8月,出席铁科院第三届院务委员会成立会,任名誉主任。

9月,赴杭出席纪念钱塘江大桥通车五十周年座谈会并与当年建桥工程师登桥合影,赴镇江与家乡人民共度中秋、国庆并祭扫祖坟。游扬州瘦西湖。

10月12日,加入中国共产党。

10 月 14 日,因病入院。

1988 年　93 岁

1 月 9 日,李先念、邓颖超、康克清等送生日花篮、蛋糕,全国政协、九三学社中央委员会、全国科协领导到医院贺寿。

春节前夕,李鹏总理到院探望。

11 月,被推举为九三学社中央委员会名誉主席、中国土木工程学会名誉主席。

1989 年　94 岁

年初,日中经济协会理事长诸口昭一特来京邀先生出席本州—四国跨海桥通车典礼,因病未能成行。

11 月 12 日,在京病逝。

11 月 27 日,党和国家领导人前往八宝山革命公墓大礼堂向先生遗体告别并送花圈;中共中央、全国人大、国务院、全国政协和各部委以及江苏省镇江市均送了花圈;首都各大报在头版报道,《人民政协报》和《光明日报》等报刊连续刊登先生生平及悼念文章。

许宏儒、郑淑涓、钱凯整理